Marc Lesser

Mindful Leadership

Marc Lesser

mindful leadership

Die 7 Prinzipien achtsamer Führung

Was ich bei Google und in der
Küche eines Zen-Klosters lernte

Mit einem Vorwort von Daniel Siegel

Aus dem amerikanischen Englisch von Mike Schäfer

arbor
Arbor Verlag
Freiburg im Breisgau

Die Originalausgabe erschien 2019 unter dem Titel: *Seven Practices of a Mindful Leader. Lessons from Google and a Zen Monastery Kitchen* bei New World Library, Kalifornien, USA.

Deutsche Erstausgabe
1. Auflage 2020

Lektorat: Antje Herrman
Umschlaggestaltung und Satz: mediengenossen.de
Druck und Bindung: Kösel, Krugzell

Dieses Buch wurde auf 100% Altpapier gedruckt und ist alterungsbeständig. Weitere Informationen über unser Umweltengagement finden Sie unter www.arbor-verlag.de/umwelt

www.arbor-verlag.de

ISBN 978-3-86781-274-0

Inhalt

Vorwort zur deutschen Ausgabe

Ich bin sehr dankbar dafür, dass ich das Privileg hatte, zusammen mit Marc Lesser sowohl viele Mitarbeiterinnen, Mitarbeiter und Führungskräfte in Achtsamkeit zu trainieren als auch Achtsamkeitslehrende auszubilden. In den ersten Jahren nach der Gründung des Search Inside Yourself Leadership Institutes habe wir sehr eng zusammengearbeitet, um Achtsamkeitsprogramme in Organisationen zu bringen. Damals war Achtsamkeit gesellschaftlich noch nicht so weit verbreitet und anerkannt wie heutzutage. Es war eine sehr reiche und kreative Zeit, in der wir Wege erforschten und entwickelten, um die Tiefe und das Herz der Achtsamkeitspraxis zu bewahren und sie gleichzeitig einer Vielzahl verschiedener Menschen in Organisationen zugänglich zu machen.

Marc war für mich ein großartiger Mentor beim Aufbau eines mittlerweile sehr erfolgreichen, weltweit angebotenen Mindfulness-Programms bei der SAP. Wir haben damals zusammen Samen gesät, die aufgingen, und die inzwischen bei SAP und weit darüber hinaus zehntausende Menschen in zahlreichen Organisationen weltweit erreichen.

Meine persönliche Erfahrung mit Meditation begann früher. Nachdem ich zuvor aus Unwissenheit eher darüber gelächelt hatte, suchte ich in einer Lebenskrise nach neuer Klarheit und begab ich mich in ein zehntägiges Meditationsseminar. Es war anfangs sehr herausfordernd, doch schließlich fand ich zu einem Grad an innerer Ruhe, Klarheit und tiefem Frieden, den ich so bislang nicht kannte. Infolgedessen etablierte ich eine regelmäßige persönliche Meditationspraxis. Heute bin zutiefst dankbar dafür, dass ich damit eines der kraftvollsten Geschenke meines Erwachsenlebens gefunden habe. Aus dieser ureigenen Erfahrung, wie kraftvoll und bereichernd Meditation sein kann, entstand mein Wunsch, diese anderen Menschen in der Wirtschaftswelt nahe zu bringen, und ich fand Marc als Mentor.

Was ich in der Arbeit mit Marc besonders zu schätzen gelernt habe, sind die vielen Wege und Anregungen, die er aus seiner reichen Erfahrung mitbringt, um Achtsamkeit in den eigenen beruflichen und privaten Alltag zu integrieren. Meditation war bis dato für mich etwas, was zu Hause oder im Meditationszentrum auf dem Kissen stattfand, jedoch nicht im privaten oder gar geschäftlichen Alltag.

Marc Lesser schöpft aus seiner langjährigen und einzigartigen Erfahrung als Zen-Mönch und -Lehrer sowie als CEO und sozialer Unternehmer. Mit seiner humorvollen, poetischen und zugleich sehr bodenständigen und pragmatischen Art ist er in der Lage, sowohl Führungskräfte zu Achtsamkeit zu inspirieren als auch praktisch zu zeigen, wie man Achtsamkeit in Organisationen bringen kann. Seine tiefe Weisheit, sein praktisches Wissen und seine Liebe zur Achtsamkeit, die er auf tiefgreifende und zugleich sehr praktische Weise anwendet, kommen auf jeder Seite dieses wunderbaren Buches zum Ausdruck.

Beim Lesen dürfen wir Marc außerdem in der Anfangszeit des mittlerweile weltweit anerkannten Search Inside Yourself Leadership Institutes erleben. Sehr lebensnah und anekdotenreich lässt er uns daran teilhaben, in welchem Geist er das Institut gemeinsam mit Chade Meng Tan und Phillipe Goldin seit 2012 in San Francisco aufgebaut hat.

Viele Menschen sind zu Beginn des 21. Jahrhunderts mit einer sich offenbar immer schneller wandelnden und oft herausfordernden Welt konfrontiert, in der zudem eine ständig wachsende Informationsflut auf uns hereinprasselt, die fortwährend zur Ablenkung verleitet. Dieses Buch bietet vielfältige und erfahrungsbasierte Anregungen, wie Sie sich selbst und andere mit mehr Gelassenheit, mehr Klarheit und Kraft sowie mit Hingabe durch diese Herausforderungen führen können.

Wenn Sie lernen möchten, wie Sie als Führungskraft tiefgreifende Achtsamkeitspraktiken nachhaltig in Ihren beruflichen und privaten Alltag integrieren, dann empfehle ich Ihnen, dieses wunderbare Buch zu lesen.

PETER BOSTELMANN,
Chief Mindfulness Officer, SAP SE
Gründer und Leiter SAP Global Mindfulness Practice

Vorwort

Stellen Sie sich vor, die im Lauf eines Lebens erworbene Weisheit eines mitfühlenden Achtsamkeitslehrers verknüpft sich nahtlos mit den Einsichten einer Führungskraft, die auf langjährige Erfahrung in großen Unternehmen zurückblickt – und Sie erhalten eine Vorstellung davon, was Sie in diesem kreativen und ermutigenden Buch erwartet. Unser inspirierender Reiseführer Marc Lesser hat aus seiner jahrzehntelangen Zen-Meditationspraxis und als Führungskraft in der Wirtschaft sieben enorm wirkungsvolle Prinzipien destilliert, die sowohl unser berufliches als auch unser persönliches Leben bereichern und erfolgreicher machen können.

Marc Lesser zeigt uns: Wenn wir lieben, was wir tun, und gleichzeitig Vermeidungsstrategien und alte, eingefahrene Gewohnheiten loslassen, werden wir frei und können uns auf andere Menschen, auf uns selbst und auf unsere Arbeit produktiver und kreativer einlassen. Der Kopf verwendet oft so viel Energie darauf, etwas für uns oder für andere Unangenehmes zu vermeiden, dabei besteht der Weg zu größerem geistigem, körperlichem und sozialem Wohlbefinden erwiesenermaßen darin, zu lernen, wie man für die Erfahrung des eigenen innersten Wesens offen und mitfühlend wird.

Den eigenen Schmerz »berühren«, den Schmerz von anderen und unsere wechselseitige Abhängigkeit erkennen – das sind zentrale Methoden, mit denen Führungskräfte zur Schaffung eines Arbeitsklimas beitragen können, das Produktivität und Innovation optimal fördert. Und wie gelingt das? Wie dieses aufschlussreiche Handbuch wunderbar darlegt, ist es das volle Präsentsein in der eigenen Bewusstheit – offen zu sein für das, was ist, während es geschieht –, was uns ermöglicht, in Beziehungen zu anderen präsent zu sein. Und das wiederum hilft anderen, sich wahrgenommen und sicher zu fühlen – die Basis allen Vertrauens. Dieses Vertrauensgefühl und die daraus entstehende Erfahrung, zu einem größeren Ganzen (der organisatorischen Gruppe) zu gehören, kann eine achtsame Führungskraft vermitteln, und dieses Vertrauen bringt in den Mitarbeiterinnen und Mitarbeitern das Beste ans Licht, weil es nicht nur ihre Produktivität optimiert, sondern auch ihr Wohlbefinden. Glücklicherweise lassen sich diese zentralen Führungsqualitäten lernen – und dieses kompakte Buch zeigt uns ganz genau, wie.

Aber was macht eine achtsame Führungspersönlichkeit tatsächlich aus? Zwar gibt es keine endgültige und feste Definition, aber der Begriff bezeichnet ganz allgemein eine offene Präsenz für das Leben, eine Offenheit für die Tatsachen der Realität, ohne sich in Vorurteile zu verstricken oder Energie auf die Beseitigung oder Verdrängung bestimmter Erfahrungen zu verschwenden. Zum Achtsamsein gehört eine offene Bewusstheit, die einen Zustand des Vertrauens erzeugt, in dem das Gehirn sein »System für soziale Interaktion« einschaltet und wir mit anderen Menschen wohlwollender und klarer denkend Verbindung aufnehmen – auch mit unserem eigenen Innenleben. Eine »achtsame Führungspersönlichkeit« ist also ein Mensch, der diese Charakteristika achtsamer Bewusstheit auf eine Weise nutzbar machen kann, die andere dazu inspiriert, sich bestmöglich zu entwickeln, ihren Umgang mit Problemen zu verbessern und für die Ziele und Herausforderungen ihrer jeweiligen Organisation innovative Ansätze zu finden. Eine achtsame Führungspersönlichkeit macht die Arbeitsumgebung zu einem fruchtbaren sozialen Feld, auf dem Mitgefühl, Zusammengehörigkeit und Kreativität gedeihen.

Die sieben leicht umsetzbaren Prinzipien dieses Buches können Ihnen zeigen, wie Sie so eine Führungskraft werden. Das ist die Reise, zu der Sie sich jetzt aufmachen, ein Weg, auf dem Sie bei jedem Schritt begleitet werden. Genießen Sie es!

DR. DANIEL SIEGEL
Direktor des Mindsight Institute und Autor des Buches
Gewahr sein. Was es heißt, präsent zu sein.
Die Grundlagen einer wissenschaftlich fundierten Meditationspraxis

Einführung

Strategien kommen und gehen.
Unternehmenskultur bleibt.
PETER DRUCKER

Dieses berühmte Zitat von Peter Drucker, einem weltweit führenden Managementautor, -trainer und -berater, ist wahrscheinlich einer der bekanntesten und unumstrittensten Aphorismen des Geschäftslebens. Es bringt auf den Punkt, dass die Kultur eines Unternehmens letzten Endes viel wichtiger ist für den Erfolg als irgendwelche Strategien – und die Klugheit dieser Aussage ist in der Hektik der wirtschaftlichen Rahmenbedingungen von heute nicht weniger wichtig geworden.

Woraus besteht die Kultur eines Unternehmens? Aus Menschen. Aus menschlichen Wesen, die zusammenarbeiten, um Probleme zu lösen. Ich nenne das manchmal das »schmutzige kleine Geheimnis« der Geschäftswelt, eines, das man inmitten der täglichen Anforderungen, Hektik und Sorgen, die uns oft über den Kopf wachsen, sehr leicht aus dem Blick verlieren kann. Geschäftsleben heißt, dass Menschen zusammenarbeiten, und geschäftlicher Erfolg hängt davon ab, wie gut wir interagieren, kooperieren, kommunizieren und uns umeinander kümmern. Das ist die Essenz dessen, was Drucker meint.

Ich glaube, dass wir das alle wissen und dass wir es auch alle suchen, nicht nur am Arbeitsplatz, sondern im Leben überhaupt. Wir wollen etwas schaffen und Teil einer unterstützenden, positiven Kultur sein – einer Kultur echten Vertrauens und echter Fürsorge, einer Kultur der Transparenz und Integrität, der Verantwortung und Erfolgsorientierung. Diese Art Kultur hilft uns individuell und kollektiv, mit Klarheit zu handeln, nichts zurückzuhalten, uns voll und ganz in unsere Beziehungen einzubringen, zu blühen und zu wachsen, anderen besser zu dienen und unsere Ziele zu erreichen.

All das zu realisieren, ist nicht leicht. Mensch zu sein, ist nicht leicht. Mit anderen zu arbeiten, kann eine unglaubliche Herausforderung sein. Es gibt immer irgendwelche Schwierigkeiten, ob das nun schmerzhafte Emotionen sind, Stress und Ungewissheit, Kostenrahmen und Lieferfristen, zwischenmenschliche Konflikte, Unfrieden in der Politik oder in der Wirtschaft oder die unerwarteten Hindernisse, die immer auftauchen, wenn wir ein sinnvolles Vorhaben verfolgen.

Was also können wir tun? Wie können wir das, was wir brauchen, erschaffen und am Leben halten?

Auf diese Fragen gehe ich in diesem Buch ein und hoffe, Sie in der Anwendung der sieben Elemente achtsamen Führungsverhaltens, die ich Manager*innen, Unternehmer*innen, Ingenieur*innen, Ärzt*innen und anderen Menschen auf der ganzen Welt beibringe, anleiten und inspirieren zu können. In den letzten Jahren sind Achtsamkeit und Mindful Leadership geradezu explosionsartig populär geworden, aber das erzeugt nicht automatisch achtsame Führungskräfte. Achtsamkeit zu verstehen, kann kompliziert sein; noch schwieriger ist es, sie im alltäglichen Leben zu verkörpern und regelmäßig zu praktizieren. Dazu kommt noch, dass im Arbeitsalltag oft verwässert wird, was der Sinn von Achtsamkeit ist und wie sie geübt wird (wenn sie nicht von vornherein verworfen wird). Natürlich wurde die altehrwürdige kontemplative Praxis nicht entwickelt, um der Wirtschaft zu helfen. Ihre Absicht ist es, unser Bewusstsein und unsere ganze Art des Daseins in der Welt zu verändern. Aber sie ist unverzichtbar für Mindful Leadership und für den Versuch, die Art von unterstützender Unternehmenskultur zu schaffen, die Unternehmen und Menschen zum Blühen bringt.

Meine Erfahrung hat etwas Unkonventionelles. Den größten Teil meines Erwachsenenlebens stand ich mit einem Bein in der Welt des Kontemplativen und mit dem anderen in der Wirtschaft, und meine Auffassung von Mindful Leadership ist von beidem geprägt: von meiner Erfahrung als langjähriger Zen-Praktizierender und Meditationslehrer sowie von meiner Erfahrung als Leiter, Ausbilder und Berater mit der Aufgabe, Unternehmen bei der Kultivierung achtsamer Führung und eines guten Arbeitsklimas zu helfen. Zuletzt habe ich bei Google mitgeholfen, »Search Inside Yourself«, ein achtsamkeitsbasiertes Programm zur Förderung emotionaler Intelligenz, aufzubauen, und habe das »Search Inside Yourself Leadership Institute« (SIYLI) mitbegründet und geleitet, das mittlerweile zu den prominentesten privatwirtschaftlichen Führungsakademien der Welt gehört.

Im Search-Inside-Yourself-Programm sind die sieben meditativen Prinzipien dieses Buches entwickelt worden. Und dabei ist mir Folgendes klar geworden: Menschen in der Wirtschaft fühlen sich von der Achtsamkeitspraxis aus den gleichen Gründen angezogen wie Menschen, die in irgendeiner kontemplativen Tradition Achtsamkeit und Meditation praktizieren – um ihr Leben zu ändern; um bewusster, fokussierter, flexibler zu werden; um von einem engstirnigen, egozentrischen, angstgeprägten Lebensgefühl wegzukommen und offener, neugieriger zu werden, mehr mit anderen verbunden und fähiger, ihnen zu helfen. Menschen suchen diese Fähigkeiten, um in allen Kontexten und Beziehungen eine Hilfe zu haben, am Arbeitsplatz genauso wie außerhalb.

Der Keim zu dieser Meditationspraxis und zu meiner Auffassung von achtsamer Führung wurde allerdings schon viel früher gelegt, und zwar in den zehn Jahren, die ich am San Francisco Zen Center gelebt, gearbeitet und praktiziert habe. Dazu gehörten zwei Jahre im Meditationszentrum in San Francisco, drei Jahre auf der Green Gulch Farm und fünf Jahre in

Tassajara, dem ersten Zen-Kloster der westlichen Welt, das in der Wildnis von Los Padres in Zentralkalifornien liegt.

In Tassajara (und in der Zen-Tradition überhaupt) wird Arbeit als Schlüsselelement zur Integration der Meditationspraxis ins Alltagsleben betrachtet; die Arbeit ist ein Ort des Dienstes und ein Rahmen für ständiges Lernen. Während meines ersten Sommers in Tassajara war ich Spüler in der Küche, und in den folgenden Jahren stieß ich zur Küchenmannschaft, in der ich Brotbäcker und Assistent des Chefkochs wurde. Als ich dann 28 war, fand ich mich als Chefkoch in der Küche des Zen-Klosters wieder – mit dem Bestreben, Achtsamkeit und achtsames Führen zu praktizieren und zu leben, während ich bei der täglichen Zubereitung von Essen (für siebzig ständige Bewohner*innen und jeweils siebzig bis achtzig Übernachtungsgäste) bis zu fünfzehn Mitarbeiterinnen und Mitarbeiter zu führen hatte.

Während der Saison im Sommer war es unsere tägliche Aufgabe, drei einfache vegetarische Gerichte für die Zen-Schülerinnen und -Schüler und drei vegetarische Feinschmeckermenüs für die Gäste zu kochen. Die Standards und die Erwartungen waren hoch (und sind es immer noch). Tassajara hat eine über fünfzigjährige Tradition und Reputation, leckeres, gesundes und kreatives Essen zu servieren, und auf dieser Basis entstand das »Greens Restaurant« in San Francisco, das immer noch als eines der besten vegetarischen Restaurants der Welt gilt.

Aber obwohl ich dafür verantwortlich war, eine Großküche auf Restaurantniveau zu leiten, und dafür, dass alle Zen-Schülerinnen und -Schüler und Gäste zu essen hatten, bestand meine primäre Verantwortung darin, eine Kultur der Achtsamkeitspraxis zu fördern. Mein Hauptjob war es, eine Kultur aufzubauen, in der alle in der Küche beim Arbeiten ein Gefühl für Dringlichkeit, Fokussierung, Großzügigkeit, Selbstvertrauen und Gelassenheit hatten. Ich hatte als Chefkoch mit anderen Worten zwei Ziele: ein bedingungslos liebevolles, unterstützendes und produktives Arbeitsumfeld zu schaffen *und* gutes Essen zu liefern (und zwar auf die Minute pünktlich!). Keines der beiden Ziele durfte dem anderen geopfert werden.

In der Tat ist die Küche in einem Zen-Kloster ein zentraler Ort der Achtsamkeitspraxis, und sie befindet sich meist in der Nähe eines weiteren Mittelpunkts, nämlich der Meditationshalle. Küche und Meditationshalle gelten als tiefgründig miteinander verbundene Orte, Orte, an denen Mühe und Mühelosigkeit, Selbst und Selbstlosigkeit greifbar werden; Orte, an denen Gemeinschaft entsteht; Orte, an denen der Geist der Fürsorge und der guten Lebensführung gelebt und gefeiert wird. Die Küche ist ein Ort der Arbeit und der Zusammenarbeit – derart, dass alle sich gegenseitig unterstützen –, und sie ist auch der Ort, in den man den Geist, die Bewusstheit und die Haltung der Meditation in die Welt der Aktivität hineintragen kann.

Als Chefkoch stellte ich fest, dass sich das, was ich für zwei Aktivitäten hielt, meistens wie eine einzige anfühlte – während wir voll präsent und bewusst waren und für die Menschen sorgten, kochten wir eben Essen und führten die Küche. Ein andermal wieder schienen die Ziele der Achtsamkeit und der Druck, Dinge fertig zu bekommen, miteinander zu konkurrieren, als ob wir nicht beides haben könnten und einem der beiden Priorität einräumen müssten. Jede Restaurantküche – auch eine Zen-Küche! – ist ein stressiger Arbeitsplatz, an dem es dynamisch und mit hohem Tempo zugeht. Da gibt es jede Menge Vorbereitungsarbeiten zu machen, die oft komplex und detailreich sind, da arbeiten Teams in räumlicher Enge, da gibt es immer neue Prioritäten und einen straffen, eng verzahnten und manchmal unmöglich einzuhaltenden Zeitrahmen. Das Besondere an der Küche in Tassajara ist, dass das gesamte Personal nicht aus Profis besteht, sondern aus Zen-Schülerinnen und -Schülern. Und sie befindet sich an einem abgelegener Ort – während meiner Zeit als Chefkoch war der nächste Laden über zwei Stunden weit weg; wenn etwas fehlte (sei es, dass wir nicht genug Eier hatten oder irgendeine andere wichtige Zutat), mussten wir also flexibel sein und improvisieren. Dazu kam, dass es in der Küche keinen Strom gab. Alles wurde von Hand gemacht.

Wenn ich zurückschaue, staune ich, wie erfolgreich wir waren. Ich erinnere mich, wie ich an einem Sommernachmittag mit einer Gruppe von Gästen, die ich noch nicht kannte, im Gästespeisesaal zu Mittag aß. Eine Frau auf der anderen Seite des Tisches stellte sich mir als Professorin einer Wirtschaftshochschule vor und fragte als Erstes: »Wer ist der Kopf hinter dieser Unternehmung?« Sie war zum ersten Mal in Tassajara und von der Qualität des Essens und vom Service beeindruckt, wie überhaupt von allem, was sie da erlebte. Und tatsächlich, Tassajara wirkt auf Besucherinnen und Besucher in vielerlei Hinsicht wie ein gut geführtes Tagungszentrum. Ich antwortete, dass das Merkmal dieses Unternehmens sei, dass die Menschen, die hier arbeiteten, es eben nicht als Unternehmen ansähen. Tassajara ist ein Ort der Meditationspraxis, des Dienens, der Kultivierung von Achtsamkeit – was bedeutet, dass man die Dinge nicht anders haben will, als sie sind, und dass man dem eigenen Erleben von Moment zu Moment volle Aufmerksamkeit und Bewusstheit entgegenbringt.

Heute betrachte ich die Küche in Tassajara als Modell dafür, was achtsames Arbeiten und achtsames Führen in jedem Kontext bedeuten; ein Modell dafür, dass wir inmitten von Erschöpfung, Zeitdruck und Überforderung große Freude und große Liebe erleben können. Die Achtsamkeitspraxis als Fundament und integrales Element des Klosters lieferte den entscheidenden Kontext und Rahmen für alles, was wir in der Küche machten. Die große Sorgfalt, die Lernbereitschaft, die Verspieltheit, ganz zu schweigen von der Freude und Befriedigung, Menschen zu bedienen und mit Nahrung zu versorgen – das hatte fast etwas Magisches.

Es ist möglich, inmitten vieler Aktivitäten Achtsamkeitspraxis, Arbeit und Führungsaufgaben als eine einzige Aktivität zu sehen. Dazu muss man sich selbst, die anderen, die Zeit und die Qualität der eigenen Bemühungen wahrnehmen. Achtsames Arbeiten und achtsames Führen erfordern und kultivieren gleichzeitig die zentralen Fähigkeiten, die wir brauchen, um gedeihen zu können, und diese Dynamik ist das Leitprinzip des vorliegenden Buches. Ich verdichte darin mein ganzes Erfahrungsspektrum in sieben zentralen Prinzipien, von denen ich hoffe, dass sie Ihnen helfen, die Führungsaufgaben in Ihrem Arbeitsalltag mit Achtsamkeit zu verbinden. Darüber hinaus kann ich aus Erfahrung sagen, dass die Wohltaten der Meditation und der Achtsamkeit uns generell guttun, nicht nur im Bereich der Arbeit. Sie können uns bei allem, was wir unternehmen, beflügeln.

Großer Geist und Kleiner Geist

Die Idee achtsamer Führung ist nicht gerade neu. In einem Traktat mit dem Titel »Anweisungen für den Koch« empfahl Dogen, im 13. Jahrhundert Begründer des Zen in Japan, der Küchenchef solle bei der Führung seiner Küche drei Prinzipien oder »Drei Denkweisen« praktizieren. Sie heißen: »Freudiger Geist« (ein Geist, der alles akzeptiert und zu achten weiß), »Geist der Großmutter« (der Geist bedingungsloser Liebe) und »Weiser Geist« (der Geist, der mit der Realität ständiger Veränderung umgehen und auf bedingungslose Weise offen sein kann).

Die Praxis der Achtsamkeit selbst ist in reichen spirituellen Traditionen entstanden, die sich über Jahrtausende hinweg entwickelt und verändert haben. Historisch gesehen, tendieren Menschen zur Achtsamkeitspraxis, wenn die Zeiten unruhig sind, voller Stress, Unbeständigkeit und Ungewissheit – Zeiten wie heute also. Außerdem hat sich Achtsamkeit im Laufe der Jahrhunderte immer wieder angepasst und neu integriert, um starken und dringenden gesellschaftlichen Bedürfnissen gerecht werden zu können – wodurch sie nicht nur spirituelle Traditionen beeinflusst hat, sondern in viele Bereiche des Alltagslebens und der Kultur eingeflossen ist, zum Beispiel die Künste, die Esskultur, das Bildungswesen, die Arbeitswelt und darüber hinaus.

Obwohl es richtig ist, dass ein zentraler Aspekt der Achtsamkeit eine gesteigerte Selbstwahrnehmung ist, geht es doch um mehr als nur die Bewusstheit für das individuelle Ich. Die Intention ist, eine umfassendere und ganzheitlichere Perspektive zu fördern, mit dem Bestreben, die Sorge um die eigene Person zu lockern und die begrenzte persönliche

Erfahrung zu erweitern, damit wir zu einem universelleren und weniger dualistischen Bewusstsein übergehen können. Im Zen wird dies der Übergang vom Kleinen Geist zum Großen Geist genannt.

Vieles von dem, was wir Moment für Moment erleben, gehört zur Welt des Kleinen Geistes – des persönlichen »ich, meiner, mir, mich«. Mittlerweile hat die Wissenschaft sogar einen Namen für den Kleinen Geist – er lautet »Default Mode Network« (»Ruhezustandsnetzwerk«). Das ist der Teil des Gehirns, der sich oft Sorgen um die Zukunft macht oder mit der Vergangenheit hadert, statt im gegenwärtigen Moment entspannt und wach zu sein, um klarer sehen zu können. Psychologisch gesehen, ähnelt das stark dem Ego. Zur Achtsamkeitspraxis gehört es, den Kleinen Geist wertzuschätzen und aus ihm zu lernen, aber gleichzeitig den Großen Geist zu kultivieren – die offenere, aufgewecktere und tolerantere Perspektive oder Seinsweise. Man könnte sagen: Achtsames Führen besteht darin, die Erfahrung des Großen Geistes, die durch Meditation kultiviert wird (aber jederzeit zugänglich ist), auf die Belange des Kleinen Geistes anzuwenden, also die Zwänge und Freuden des täglichen Lebens und der Zusammenarbeit mit anderen, wenn unter Zeitdruck Ziele erreicht werden sollen.

Nach meinem Jahr als Chefkoch wurde ich gebeten, die Leitung von Tassajara zu übernehmen, wodurch sich meine Erfahrung in achtsamer Führung vertiefte und erweiterte. Tassajara ist nicht nur ein Zen-Kloster, sondern hat viele der Probleme, die auch ein kleines Unternehmen hat. Zum Beispiel wird das San Francisco Zen Center weitestgehend durch den Gewinn aus Tassajara finanziert. Und in den Sommermonaten ist es auch ein Retreat-Zentrum – mit Seminaren und Übernachtungsgästen.

Dann, nach einem Jahr als Direktor von Tassajara, entschloss ich mich, das Kloster zu verlassen und an der Graduate Business School der New Yorker Universität den Master of Business Administration (MBA) zu machen. Ich war wild darauf (und hatte gleichzeitig ziemliche Angst davor), das Wirtschaftsleben kennenzulernen und zu testen, was ich über die mögliche Synthese aus Achtsamkeit, Arbeit und Führungsverhalten gelernt hatte. Zu jenem Zeitpunkt hatte ich für mein Empfinden einige bemerkenswerte Pluspunkte dieses Ansatzes ausgemacht, und zwar folgende:

- Mindful Leadership fördert reichhaltige Erlebnisqualitäten; gewöhnliche, alltägliche Arbeit kann sich intensiver, befriedigender, manchmal sogar außergewöhnlich anfühlen.
- Sie schließt Lücken zwischen Achtsamkeitspraxis, Arbeitspraxis, Fürsorge für andere Menschen und Erfolgsorientierung.
- Aus Stress, Herausforderungen, Schwierigkeiten und Problemen zu lernen, wird als integraler Bestandteil jedes Wachstumsprozesses betrachtet und nicht als etwas, das vermieden werden muss.
- Sie hilft uns, Widersprüche und einander ausschließende Prioritäten zu erkennen und mit ihnen umzugehen, wodurch Flexibilität und Verständnis gefördert werden.
- Sie lässt uns sogar inmitten harter Arbeit und außergewöhnlicher Anstrengungen Zeitlosigkeit, Leichtigkeit und Freude erleben.
- Sie lässt sich auf jede Aktivität anwenden, um Selbstvertrauen und gleichzeitig Bescheidenheit zu kultivieren.
- Sie umfasst Individualität und Einheit gleichermaßen – jede und jeder hat eine bestimmte Rolle, und doch bilden alle ein Team, gegenseitig unterstützt und sich unterstützend, zusammen praktizierend.
- Erfolg zeigt sich für achtsam Führende immer zweifach: im Charakter und im Mitgefühl der Menschen sowie in der Qualität und den Ergebnissen der Arbeit.

Ich habe seither festgestellt, dass diese positiven Wirkungen von Achtsamkeitspraxis und Mindful Leadership dauerhaft und allgemeingültig sind; sie sind in jeder Situation und für jede und jeden verfügbar und zugänglich. Niemand muss dazu ins Zen-Kloster gehen. Sie müssen auch keinen Wirtschaftsabschluss machen. Das Einzige, was Sie machen müssen, ist: Sie müssen den Ansatz des achtsamen Führens immer in genau der Situation, der Herausforderung, der Organisation, der Rolle und der Arbeitsumgebung anwenden, in der Sie sich gerade befinden.

Achtsamkeit ist eine Art des Seins und des Sehens, die unsere Perspektive verändert. Sie ist pragmatisch – meiner Erfahrung nach sogar unendlich pragmatisch –, weil sie uns alltägliche Probleme wirksam und effizient lösen hilft. Sie entwickelt auch unser ganzes Daseinsgefühl weiter, weil sie das Erlebnis, am Leben zu sein, vertieft und bereichert. Mit Achtsamkeit kann jede Aufgabe zugleich zuversichtlich und bescheiden angegangen werden, hoffnungsvoll, aber nicht angewiesen auf Hoffnung. Letzten Endes ist Achtsamkeit mysteriös und stürzt uns kopfüber in Fragen nach dem Bewusstsein, nach Geburt, Tod und Vergänglichkeit – während sie uns die direkte Erfahrung liefert, dass dann, wenn wir Ängste und Gewohnheiten loslassen, Gelassenheit entsteht, eine Ahnung tiefer Liebe und ein tief reichendes Gefühl der Sinnhaftigkeit und Verbundenheit mit dem Leben.

Frust und Potenzial: Wie Achtsamkeit uns stärkt

Seit meinem Abschluss an der New Yorker Universität gehöre ich beiden Welten an, der kontemplativen Welt und der Geschäftswelt – obwohl ich die beiden mittlerweile natürlich als eine Welt betrachte. Einige Jahre nach meinem Abschluss gründete ich einen Verlag, »Brush Dance«, der sich zu einem führenden Anbieter umweltfreundlich hergestellter inspirierender Grußkarten und Kalender entwickelte. (Wir waren eine der ersten Firmen weltweit, die für ihre Produkte Recyclingpapier verwendeten.) Ich betrieb Brush Dance fünfzehn Jahre lang, dann gründete ich »ZBA Associates«, eine Beraterfirma, die Führungskräfte und Angestellte schult, wie sie Achtsamkeit und emotionale Intelligenz praktisch anwenden können. Einer meiner Klienten war Google, was schließlich dazu führte, dass ich an der Entwicklung des Search-Inside-Yourself-Programms beteiligt war.

Ich schätze mich glücklich, dass meine Arbeit darin besteht, Einzelpersonen, Teams und Firmen zu helfen, bewusster und sensibler zu werden und zugleich bei der Arbeit Produktivität, Führungsqualitäten und Wohlbefinden zu kultivieren. In der einen oder anderen Form habe ich das eigentlich fast mein Leben lang gemacht. Und obwohl Achtsamkeit in der Arbeitswelt mittlerweile als Qualifikation akzeptiert wird, werde ich immer wieder gefragt: Warum arbeiten Führungskräfte und Firmen mit Ihnen? Was motiviert sie, sich mit Achtsamkeit zu beschäftigen?

Gewöhnlich beantworte ich diese Frage mit zwei Stichworten: Frust und Potenzial. Es kann frustrierend und schmerzhaft sein, aus einer gewohnten Rolle herauszutreten und die eigene Verwundbarkeit mehr zu spüren, die Sanftheit des eigenen Herzens. Dazu kommt, dass wir normalerweise spüren, wenn unsere Werte, unsere Ziele und unsere Arbeit nicht zusammenpassen oder wenn wir unser Potenzial nicht voll ausschöpfen. Zum Beispiel tut es weh, wenn uns bewusst wird, dass wir Konflikten und Schwierigkeiten aus dem Weg gehen oder in belastenden Situationen überreagieren und dadurch unseren Einfluss und unsere Mitwirkung unterminieren. Auf der anderen Seite erkennen wir auch, dass wir fähig sind, besser, effektiver und kompetenter zu handeln. Wir sehen die Möglichkeiten und sind inspiriert, dieses Potenzial zu verwirklichen.

Einfach nur die Erkenntnis, dass da eine Kluft ist zwischen der Art und Weise, wie man lebt, arbeitet und andere führt, und wie man gerne leben, arbeiten und führen würde – sie kann schon tiefgreifend und transformierend sein. Genauso inspirierend ist der Versuch, diese Kluft mit pragmatischen, effektiven Mitteln zu überbrücken. Und bei beidem hilft uns Achtsamkeit. Sie hilft uns, die Kluft zu erkennen und zu überbrücken. Eigentlich glaube ich sogar, dass schon das Benennen der Diskrepanzen, das Sichtbarwerden der Kluft ein großes Geschenk sein kann, dieses Spüren von Frust und Potenzial: der Frust, der im Moment gerade mit bestimmten Bereichen des Lebens verbunden ist, und die Möglichkeit größerer Bewusstheit, Befriedigung, Leichtigkeit, Effizienz und Zusammengehörigkeit. Das ist für mich die zentrale und wesentliche

Praxis der Achtsamkeit wie auch beim achtsamen Führen: zu sehen, wo eine Kluft existiert, Frust und Potenzial zu erkennen, damit zu arbeiten und daraus zu lernen. In meinen Trainings und Seminaren ist das der theoretische und praktische Bezugsrahmen für das Thema Mindful Leadership und er stellt auch den grundlegenden Ansatz dieses Buches dar.

Hört sich gut an. Aber wenn einem der Frust und das Potenzial des eigenen Lebens, das, was tatsächlich passiert, bewusster und deutlicher werden (ob das nun bei der Arbeit ist, in der Gemeinschaft, in der Familie, in Beziehungen, im Spirituellen), dann ist das unbequem und unangenehm! Es kann beängstigend und chaotisch sein. Das ist der Grund, warum Achtsamkeit und Mindful Leadership schwieriger sind, als es auf den ersten Blick aussieht. Und doch liegt darin unsere wahre Kraft – die Kraft, zu lernen, uns zu verändern und zu wachsen. Hier entspringt unsere Fähigkeit, wirksame Antworten zu finden, uns auf tiefe Weise mit anderen zu verbinden, Lösungen zu finden, kreativ zu denken und zu handeln.

Anzeichen für ungenutztes Potenzial und ungenutzte Möglichkeiten sind oft ganz einfach zu erkennen, wenn wir nur mutig hinschauen. Vermeiden Sie es, der Wirklichkeit oder schmerzhaften Angelegenheiten ins Auge zu schauen? Ist Ihr Leben nicht mehr in Übereinstimmung mit Ihren Werten und Zielen? Sabotieren Sie Ihr eigenes Potenzial oder geben Sie Ihre Kraft aus der Hand – soll heißen, die Fähigkeit, sich weiterzuentwickeln, klarer zu sehen und andere dahingehend zu beeinflussen, ebenfalls größeren Durchblick, größere Befriedigung, Verbundenheit und Produktivität zu entwickeln? Wenn ja: wie, auf welche Weise? Ich habe diese Frage – »Wie geben Sie Ihre Kraft aus der Hand?« – schon Hunderten von Menschen aus allen Gesellschaftsschichten gestellt, und hier sind ein paar der Antworten, die ich bekommen habe. Kommt Ihnen irgendeine bekannt vor?

- Ich sage Ja, obwohl ich Nein meine.
- Ich hetze von einer Sache zur nächsten, um »Wichtiges« zu erledigen, und nehme gar nicht richtig wahr, was ich im Moment mache.

- Ich überdenke andauernd meine Entscheidungen und dann überdenke ich mein Überdenken.
- Angesichts dessen, was heute in der Welt abläuft, fühle ich mich hilf- und hoffnungslos.
- Ich bin bei mir und bei anderen wegen Kleinigkeiten frustriert und ungeduldig.
- Ich unterschätze meine Fähigkeiten.
- Ich äußere nicht klar, was ich erwarte oder wenn ich Hilfe brauche – entweder weil ich das Gefühl habe, ich muss alles selber machen, oder weil ich fürchte, dass andere auf meine Bedürfnisse nicht eingehen.
- Ich vermeide es, starke Emotionen zu äußern, und ignoriere oft mein Bauchgefühl in Bezug auf das, was ich will oder für richtig halte.
- Weil ich Angst vor einem peinlichen Schweigen habe, rede ich, um das Vakuum zu füllen.
- Ich checke sofort E-Mails, soziale Medien oder suche mir andere Ablenkungen, wenn ich nur das kleinste bisschen Besorgnis oder Traurigkeit spüre.
- Ich kritisiere mich für Fehler oder Entscheidungen, die nicht zum erhofften Ergebnis führen.
- Ich sorge nicht konsequent für mich selbst – ich bewege mich nicht genug, schlafe zu wenig oder esse ungesund.
- Ich gehe anspruchsvollen Gesprächen oder Themen, denen ich mich nicht gewachsen fühle, aus dem Weg.
- Ich vergleiche mich in Bezug auf Aussehen, Geld und Sozialstatus mit anderen.
- Ich fühle mich manchmal wie ein Versager, in der Klemme steckend zwischen meinem jetzigen Leben und dem, was mein Herz weiß, was möglich ist.

Das sind für jeden schwierige, problematische Herausforderungen, aber manchmal spüren wir sie dann besonders stark, wenn wir selbst in einer Führungsposition sind – wenn andere von uns abhängig sind und viel von uns erwarten. Und solche Aussagen deuten oft auf tief eingefahrene Muster und Gewohnheiten hin. Schnelle Patentrezepte, mit denen sie sich lösen oder überwinden lassen, gibt es nicht. Aber allein schon der Akt, beim Namen zu nennen, wie Sie Ihre Kraft aus der Hand geben, kann Ihnen unglaubliche Kraft geben! Das ist die Kraft der Bewusstheit, die Kraft der Achtsamkeitspraxis.

Mindful Leadership tut der »ganzen Katastrophe« gut

In diesem Buch spreche ich vor allem über das Geschäfts- und Arbeitsleben, aber die Wahrheit ist: Die sieben Prinzipien von Mindful Leadership können jedem Aspekt unseres Lebens guttun. Natürlich bestimmt jede und jeder von uns sein Leben selbst. Aber oft ist es so, dass eine Kluft, die wir bei der Arbeit bemerken (egal, in welchem Beruf wir arbeiten), oft auch mit einer Kluft zu tun hat, die wir zu Hause, in Beziehungen, als Eltern und so weiter erleben. Die Kluft zwischen Frust und Potenzial, zwischen Anspruch und Wirklichkeit existiert in jedem Bereich und manchmal löst es, wenn wir in einem Bereich eine Kluft erkennen, eine wahre Flut von Einsichten aus, die weit über das ursprüngliche Thema hinausgehen.

Ich fange Achtsamkeitsseminare oft so an, dass ich Zweierteams bilden lasse, die sich dann folgende Fragen stellen: Was lieben Sie an Ihrer Arbeit und was ist Ihr größtes Problem? Danach frage ich die Gruppe, worüber sie gesprochen haben, und neulich stand bei einem Seminar eine Frau in den Vierzigern auf und sagte: »Ich habe gerade die Stelle gewechselt und muss jetzt jeden Tag mehr als zwei Stunden pendeln. Ich spüre bei der Arbeit enormen Druck, Höchstleistung zu bringen und mir neue Kompetenzen anzueignen. Ich arbeite mit globalen Teams und muss ständig bereit sein, mit verschiedenen Zeitzonen und kulturellen Welten klarzukommen. Es wird erwartet, dass ich auf E-Mails und Textnachrichten antworte, egal, wie spät es ist. Ich habe zwei kleine Kinder, die vor Kurzem in die Schule gekommen sind und viel Aufmerksamkeit brauchen, und ich habe einen Mann, der ebenfalls vor Kurzem die Stelle gewechselt hat.«

Durch ihre Verletzlichkeit, durch die Klarheit, mit der sie sprach, und weil die Herausforderungen, vor denen sie stand, allen Anwesenden vertraut waren, hörten sie wie gebannt dieser Frau zu. Wir alle konnten ihren Schmerz fühlen und verstehen. Und doch war sie da und hatte in ihrem – sowieso proppenvollen – Terminkalender zwei Tage untergebracht, um etwas über Achtsamkeit, emotionale Intelligenz und Menschenführung zu lernen. Es war klar, dass sie zu diesem Seminar gekommen war, weil sie die Möglichkeit spürte, anders leben und arbeiten zu können, und alle anderen taten das auch.

Diese Frau beschäftigte sich mit Mindful Leadership unter anderem wegen ihrer Arbeitssituation und den überbordenden Anforderungen, die an sie als Managerin gestellt wurden. Aber es war ganz klar, dass sie Achtsamkeit in allen Bereichen ihres Lebens integrieren wollte. Ihre Beschreibung erinnerte mich an den Originaltitel des Buches von Jon Kabat-Zinn über Achtsamkeit, *Full Catastrophe Living*. (Die deutsche Ausgabe hat den Titel: *Gesund durch Meditation. Das große Buch der Selbstheilung*). Der Titel stammt aus dem Roman *Alexis Sorbas* von Nikos Kazantzakis. Ein junger Mann fragt darin den Titelhelden, ob er verheiratet sei, und Sorbas antwortet: »Natürlich habe ich geheiratet. Frau, Haus, Kinder … *die ganze Katastrophe*.«

Jeder und jede von uns hat auf ganz eigene Art seine oder ihre »ganze Katastrophe«. Unsere Lebens- und Arbeitssituationen sind viel komplexer, als Sorbas sie sich jemals hätte vorstellen können. Nachdem das klar ist, muss man allerdings auch sagen, dass wir oft unsere persönlichen »Katastrophen« gar nicht missen möchten, obwohl wir uns manchmal darin gefangen fühlen. Ich glaube, dass die Frau, die sich in diesem Seminar zu Wort meldete, nicht darauf aus war, irgendeinen Teil ihres Lebens zu ändern. Sie wollte keine dieser anstrengenden und stressigen Aktivitäten aufgeben. Sie wollte stattdessen praktische Instrumente, vielleicht auch eine andere Herangehensweise oder ein anderes Lebensgefühl, um ihr Alltagsleben zu verbessern, damit sie es mehr genießen und weniger darunter leiden würde. Sie wollte den Herausforderungen ihres Lebens souveräner begegnen, ob nun bei der Arbeit, mit ihren Kindern oder mit ihrem Mann. Sie wollte die Kluft schließen, die sie spürte.

Als Erstes nahm ich ihre Herausforderungen und ihre Frustration ausdrücklich zur Kenntnis und dankte ihr für ihre Ehrlichkeit und Verletzlichkeit. Ich ließ sie auch wissen, dass wir zwei Tage lang Strategien lernen und üben würden, uns dem Frust zu stellen und uns unserem Potenzial zu öffnen – der Möglichkeit, sich den Herausforderungen zu stellen, ja, sie manchmal sogar zu genießen, aber auch, sogar inmitten des tobenden Sturms Ruhe und Gelassenheit zu finden. Das ist das Versprechen der Achtsamkeit: Indem wir unsere Bewusstheit und unsere Verhaltensmuster neu ausrichten, können wir lernen, Dinge gelassener zu akzeptieren und manchmal, mitten im Chaos und den Herausforderungen des Lebens, Staunen und Ehrfurcht erleben.

Meditation heißt, mit offenen Augen durchs Leben zu gehen

Schauen Sie hin! Das ist der Weg, das Auge und noch viel mehr zu bilden. Schauen Sie hin. Lauschen Sie. Hören Sie zu. Sterben Sie als Wissender. Sie leben nicht ewig.

WALKER EVANS

Als ich dieses Zitat des Fotografen Walker Evans zum ersten Mal las, wurde mir klar, dass ich, seit ich erwachsen bin, mithilfe der Meditation das Hinschauen geübt hatte. Ich begegnete der Zen-Meditation, als ich zwanzig war und zum ersten Mal das San Francisco Zen Center besuchte, und diese Erfahrung veränderte mein Leben. Seither ist die Meditation eine fundamentale Übung für mich und für Menschen, die achtsam führen wollen, ist sie das Kernstück.

Obwohl Evans anscheinend gar nicht über Meditation spricht, hat er sie perfekt erfasst. Wenn wir meditieren, dann »schauen wir hin, lauschen, hören wir zu«. Wir sind bewusst und achtsam, sowohl nach innen als auch nach außen, um uns zu bilden und etwas Sinnvolles und Nützliches zu lernen. Ja, eigentlich meditieren wir oft, um zu sehen und zu verstehen, was das Wichtigste ist, weil uns mit einem Schlag bewusst wird, dass wir nicht ewig leben.

Die Prämisse dieses Buches ist, dass Mitarbeiterführung ebenfalls diese Art des »Hinschauens« erfordert: mit vollem Bewusstsein bei der Sache zu sein, uns mit Körper, Geist und Herz ganz einzubringen und die eigenen innersten Werte und Ziele mit den innersten Werten und Zielen von anderen in Einklang zu bringen.

Seltsamerweise habe ich festgestellt, dass Meditation und Mitarbeiterführung viel gemeinsam haben. Bei beiden heißt es, mit offenen Augen durchs Leben zu gehen. Als praktische Übung klingt Meditation ganz simpel: einfach innehalten, dasitzen, dem Körper, dem Geist, dem Herzen volle Aufmerksamkeit entgegenbringen; Gedanken und Emotionen kommen und gehen lassen; Freundlichkeit und Neugier kultivieren; die Schmerzen und Enttäuschungen des Lebens, seine Freuden und Möglichkeiten berühren; Wertschätzung entwickeln dafür, dass man am Leben ist, und für alles, was lebt, und dazu ein bedingungsloses Gefühl der Zugehörigkeit und Verbundenheit. Eine andere Art, Meditation zu beschreiben, lautet: Sie üben, wahrhaft und authentisch Sie selbst zu sein, indem Sie alle vorgefassten Ideen und Identifikationen über Ihr »Ich« loslassen.

Meditation hilft uns, mit Wertschätzung für das Großartige und Kostbare unseres Menschseins zu leben. Bei der Meditation (wie bei jeder kontemplativen Praxis) geht es darum, Tiefe und Heiligkeit in unserem alltäglichen Leben zu kultivieren. Und sie ist achtsam, weil wir dank ihrer Praxis sehen, was da ist, jede Kluft, allen Frust und all unser Potenzial, die ganze Katastrophe.

Durch Meditation – indem wir hinschauen, lauschen und zuhören – lernen wir nicht nur zu erkennen, wie wir mit den Dingen fertig werden, sondern wie wir die wichtigsten Dinge mit dem geringsten Maß an Widerwillen oder unnötigem Kraftaufwand fertig bekommen. Wir erkennen, was wir beeinflussen können und was nicht, und handeln deshalb effizienter. Wir gehen tiefer auf andere ein und hören besser zu. Manchmal bedeutet Meditation, dass man erbittert um Veränderungen ringen muss, und manchmal bedeutet sie, dass man bedingungsloses Akzeptieren üben muss. Meditation lehrt Geschmeidigkeit und Anpassungsfähigkeit, Selbstvertrauen und Bescheidenheit. Und was vielleicht am wichtigsten ist: Sie macht uns das Herz leichter, hilft uns, Zynismus loszulassen, und zeigt uns, dass wir nicht abgeschnitten sind von uns selbst, von anderen Menschen, vom Leben insgesamt – und das sind wichtige Führungsqualitäten und Qualitäten im Leben überhaupt.

Vermeidungsverhalten ist natürlich, schadet uns aber

Manchmal kann Hinschauen und Fokussieren schmerzhaft sein, und was schmerzhaft ist, vermeiden wir gewöhnlich. Das ist eine natürliche Reaktion. Aber dieses Vermeidungsverhalten kann uns daran hindern, unsere Möglichkeiten auszuschöpfen, denn dazu müssen wir das Schmerzhafte benennen und transformieren. Vermeidungsverhalten ist oft ein Haupthindernis für Achtsamkeit, für achtsames Führen und für die Schaffung einer Organisationskultur, die auf gegenseitiger Unterstützung beruht.

Wir müssen uns dafür entscheiden, hinzuschauen, die Augen aufzumachen und wach zu werden. Wenn wir das nicht tun und das Vermeidungsverhalten zur Gewohnheit wird, dann hören wir auf, uns mit ganzem Herzen auf uns selbst und das Leben einzulassen. Wir werden gefühllos, verschlafen das, was ist, und sehen nicht mehr klar. Dieses Thema ist nicht auf Mitarbeiterführung oder den Arbeitsplatz beschränkt. Es ist ein universales menschliches Problem, eines, das in uns als evolutionär entstandenen Wesen praktisch fest eingebaut ist: Wir können nicht alles gleichzeitig sehen, wir wenden uns instinktiv von dem ab, was Schmerz verursacht, und wir mögen Veränderungen nicht. Vermeidungsverhalten fühlt sich manchmal wie Selbsterhaltung an, aber tatsächlich ist es Selbstschädigung. Zu lernen, das direkt anzuschauen, was da ist, so gut es geht, auch dann, wenn wir es nicht so recht wollen, ist eine mächtige Fähigkeit, die uns herausfordert, verändert und unser Leben transformiert.

Ich zum Beispiel halte mich für jemanden, der zu Anfang seines Lebens die meiste Zeit geschlafen hat. Ich wuchs in einer Vorstadt in New Jersey auf und lebte ein für meine Begriffe »normales« Leben. Ich hatte gute Noten, trieb Sport – Bowling, Golf, Football und Baseball. Ich sah stundenlang fern und arbeitete im Sommer als Caddy auf dem Golfplatz, als Lagerarbeiter in einem Holzlager oder in der Wäscherei eines örtlichen Krankenhauses. Was ich aß, war hauptsächlich abgepackt oder kam aus Dosen.

Diese Stumpfheit, dieses Ignorieren, dieses Sich-Abwenden von allem, was unangenehm war, fing mit meiner Geburt an – meine Mutter wurde stark narkotisiert, als ich auf die Welt kam, damit sie möglichst wenig Schmerzen leiden musste – und setzte sich dann in der Schule fort, wo wir regelmäßig Atomalarm üben mussten (in Deckung gehen, sich zusammenkauern und den Kopf einziehen). Es setzte sich fort in meinen Besuchen im »Veterans Administration Hospital«, wo mein Vater wegen einer bipolaren Störung mit Schocks behandelt wurde; heute denke ich, dass er wahrscheinlich eine posttraumatische Belastungsstörung hatte. Mein Vater hatte im Zweiten Weltkrieg in Frankreich und Deutschland an der Front gekämpft, aber so wie meine Gefühle, Ziele und Zweifel fiel das in die Kategorie von Dingen, über die man nicht sprach.

Als ich heranwuchs, wusste ich das noch nicht, aber es fühlte sich an wie zwischen zwei Welten: auf der einen Seite eine Welt des Isoliert-Seins, auf der anderen eine sich öffnende Welt gegenseitiger Verbundenheit; von einem Dasein im Tiefschlaf, bei dem ich mir des eigenen Schmerzes und des Schmerzes um mich herum nicht bewusst war, hin zu einer Welt intensiver Gefühle, der Tränen, der Trauer, der Freude und des Feierns. Von einer Welt, in der ich die Tiefe meiner Herzenswünsche ignorierte und so tat, als sei alles in Butter, hin zu einer Welt der Sehnsucht, des Kämpfens und des Liebens. »Die ganze Katastrophe« dieser verrückten, verworrenen Welt und die Anstrengungen, dem Ganzen einen Sinn abzugewinnen, lieben zu lernen.

Heute spielt sich eine ähnliche Geschichte ab. Wir stehen zwischen zwei Welten, Achtsamkeit und Mindful Leadership sind so nötig wie nie zuvor. Ich denke natürlich, dass das immer schon so war, aber der historische Moment, an dem wir uns befinden, scheint in seiner Intensität und in dem, was auf dem Spiel steht, besonders brisant: Klimawandel, Atomwaffen, soziale Ungleichheit und Terrorismus stehen ganz oben auf der Liste. Große Volkswirtschaften, die Politik, das Gesundheitswesen werden umgekrempelt, Agrar- und Wassersysteme brechen zusammen und entstehen gleichzeitig wieder neu. Katalysator und transformierende Kraft ist dabei genau diese Fähigkeit – die Fähigkeit, den Autopilot-Modus, den Modus der Verdrängung abzuschalten und umzuschalten auf größere Aufmerksamkeit, Bewusstheit, ein waches Bewusstsein; die Fähigkeit, den eigenen Schmerz anzuerkennen, aber auch die Möglichkeit, diesen Schmerz zu transformieren – durch Hinschauen, Lauschen, Sich-nicht-Abwenden.

Wir fangen an, wach zu werden für das, was ist, und für das, was möglich ist. Es ist nicht einfach. Sich bewusst zu sein – der Liebe, der Diskrepanzen, der unaufhaltsam vergehenden Zeit, der Tatsache, dass wir nicht ewig leben –, kann einem das Herz zerreißen. Gleichzeitig beflügelt mich die pure Tatsache, das Leben zu leben, beflügelt mich die Gesamtheit von Frust und Potenzial dieses Menschendaseins. Das ist es, worum es in diesem Buch und in den sieben Meditationsprinzipien geht: dass Sie Ihr Leben einschließlich aller Schmerzen und aller Möglichkeiten schätzen lernen, es voll und ganz sehen, akzeptieren und genießen.

Die sieben Prinzipien von Mindful Leadership

Daniel Golemans revolutionäres Buch *Emotionale Intelligenz* gab im Jahre 1995 den Anstoß für viele Unternehmen und Manager, sich mit der wichtigen Rolle emotionaler Fähigkeiten und Kompetenzen zu beschäftigen. Golemans Arbeit löste einen Sturm des Interesses an diesem Thema aus, wurde von Unternehmen auf der ganzen Welt schnell übernommen und in der Schulung von Führungskräften angewendet.

Der Grund ist nicht schwer zu verstehen. Obwohl man emotionale Intelligenz nicht quantifizieren oder messen kann, wissen wir, dass sie lebenswichtig ist, und erkennen sie sofort, wenn wir ihr begegnen. Es gibt fünf zentrale Bereiche oder Kompetenzen, aus denen sich emotionale Intelligenz zusammensetzt, und es herrscht weitgehend (teilweise wissenschaftlich untermauerte) Einigkeit darüber, was es bringt, wenn diese Bereiche kultiviert werden:

- **SELBSTWAHRNEHMUNG:** die eigenen innerlichen Befindlichkeiten, Präferenzen, Ressourcen und Intuitionen kennen.
- **SELBSTMANAGEMENT:** Zwänge in Entscheidungen verwandeln; mit Impulsen, Ressourcen und Intuitionen umgehen.
- **MOTIVATION:** wissen, was einem wichtig ist, sich an den eigenen Werten orientieren und wissen, wenn man nicht im Einklang mit den eigenen Werten steht; Widerstandskraft (Resilienz) kultivieren.
- **EMPATHIE:** sich der Gefühle von anderen bewusst sein; Kultivieren von gegenseitiger Verbundenheit und Vertrauen.

- **SOZIALE KOMPETENZEN:** kommunikative Fähigkeiten kultivieren, vor allem Zuhören, geschicktes Umgehen mit Konflikten und mitfühlende Führung.

Hört sich alles hervorragend an. Wir haben das attraktive Porträt einer idealen Führungskraft vor uns. Viele prophezeiten damals, die Schulung in emotionaler Intelligenz werde die Arbeitswelt revolutionieren, weil sie genau die Art von positiver Unternehmenskultur schaffen werde, die wir laut Peter Drucker und anderen Experten und Expertinnen brauchen. Interessant ist nur: Obwohl sich Schulungsprogramme zu emotionaler Intelligenz in den USA und weltweit enorm verbreiteten, ist diese Revolution nie gekommen! Die Rolle von Führungskräften, das Arbeitsumfeld, die Mitarbeiterzufriedenheit: Sie erlebten keine Transformation.

Zehn Jahre nach dem Erscheinen von *Emotionale Intelligenz* brachte Goleman ein Nachfolgewerk heraus: *Working with Emotional Intelligence* (»Mit emotionaler Intelligenz arbeiten«). Im Kapitel »Der Milliarden-Dollar-Irrtum« beschreibt er, was schiefgegangen war. Die Firmen hatten nämlich versucht, ihre Führungskräfte in emotionaler Intelligenz so auszubilden, als sei sie ein Fach wie jedes andere, also primär durch Vorträge und Lektüre. Sie vermittelten die Grundbegriffe, aber nur in sehr wenigen der Seminare wurden diese Grundbegriffe konkret geübt und vorgelebt. Die Schulungsprogramme zu emotionaler Intelligenz erklärten sehr viel und taten sehr wenig. Die Menschen übten die grundlegenden Kernkompetenzen gar nicht, die sie hätten lernen müssen, um ihre emotionale Intelligenz tatsächlich zu steuern – zum Beispiel, wie man die Aufmerksamkeit fokussiert; wie man untersucht, wie jede und jeder Einzelne Realität konstruiert; wie man Selbstlosigkeit und Mitgefühl aktiv praktiziert. All diese Dinge sind fundamentale Bestandteile der Achtsamkeitspraxis, aber sie wurden zur damaligen Zeit nicht in die Trainingsprogramme zu emotionaler Intelligenz einbezogen. Und deshalb, ohne die Praxiskomponente, stellte sich die prognostizierte Revolution als Fehlschlag heraus.

Die Kraft des praktischen Übens

Mir hat immer der alberne Witz gefallen, in dem ein Tourist in New York einen Einheimischen fragt: »Wie komme ich in die Carnegie Hall?« Ohne zu zögern antwortet der Einheimische: »Üben, üben, üben!«

Wenn Menschen mich fragen: »Wie kann ich die Kluft zwischen dem, wo ich jetzt stehe, und dem, wo ich hinwill, überbrücken?«, dann bin ich oft versucht, dieselbe Antwort zu geben: »Üben!« Es ist nur ein Witz, aber es stimmt.

Die Wörter »üben« und »Praxis« haben je nach Kontext verschiedene Bedeutungen. Wie der Witz uns sagen will, kann man nirgendwo Erfolg haben, wenn man nicht übt oder die Fähigkeiten, die man braucht, erlernt, indem man sie immer und immer wieder erprobt. Ob es Klavierspielen ist oder Tennis, ob man eine Aufführung vorbereitet oder einen Bericht schreibt – man wird nur durch Wiederholen besser. Durch Tun. In diesem Sinne ist praktisches Üben eine intentionale Aktivität, die darauf abzielt, Lernprozesse, Fähigkeiten und Kompetenzen zu steigern. Im medizinischen oder juristischen Bereich bekommen die, die genug praktisch üben, das Recht, ihre eigene Praxis zu führen, womit ihr Beruf gemeint ist. In diesem Sinne stellt Ihre »Praxis« Ihr Geschäft oder Ihre professionelle Rolle dar (und diese zu meistern, kann lebenslanges Lernen und Arbeiten beinhalten).

In den Jahren, in denen ich im San Francisco Zen Center lebte (und praktizierte), bezeichnete das Wort »Praxis« eine Lebensweise – es bezeichnete die Übung der Meditation genauso, wie es für die eigenen tiefsten und ursprünglichsten Intentionen stand. Das Bestreben war, Meditation und Achtsamkeitspraxis sowie Beziehungen, Arbeit und alltägliche Aktivitäten zusammenzubringen und zu integrieren. In diesem Sinne war die »Praxis« unsere Lebensperspektive. Unsere Praxis strebte danach, all unser Handeln, unsere Werte und unsere Ziele integrativ in Einklang zu bringen.

Ich habe mich entschlossen, die sieben Kompetenzen in diesem Buch »Prinzipien« zu nennen. Eigentlich könnten sie auch »Übungen« oder »Formen der Praxis« heißen. Denn sie sind dazu da, geübt zu werden, damit Fähigkeiten aufgebaut werden und Integration gefördert wird. Und sie beschreiben eine Einstellung, eine Lebensart, sie sind Ausdruck unserer tiefsten Absicht. Durch Übungspraxis in jedem dieser sieben Bereiche können wir Frust in Potenzial umwandeln.

»Übungen« sind Werte und Intentionen, die sich im Handeln ausdrücken. Übungen sind wie Gewohnheiten, weil sie mit der Zeit ein Muskelgedächtnis aufbauen. Aber sie sind mehr als gute Gewohnheiten. Sie sind Ausdruck unserer Absicht, das Leben in Richtung unserer höchsten Bestrebungen zu transformieren, unser volles Potenzial zu realisieren und anderen zu helfen.

Die sieben Prinzipien: Achtsamkeit in Aktion

Achtsamkeit kann auf vielfältige Weise beschrieben werden (was auch geschehen ist). Für den Zweck, achtsame Führungskräfte auszubilden, habe ich jedoch sieben Achtsamkeitsprinzipien herausdestilliert:

- Die Arbeit lieben
- Die Arbeit tun
- Kein Experte sein wollen
- Den eigenen Schmerz berühren
- Den Schmerz der anderen berühren
- Sich auf andere verlassen
- Immer weiter vereinfachen

Das sind jetzt nicht gerade die typischen Achtsamkeitsanweisungen. Aber für mich ist Achtsamkeit so viel tiefer und umfassender – so viel tiefgründiger, chaotischer und mysteriöser –, als es normalerweise dargestellt wird. Für mich liegt der entscheidende Punkt bei der Achtsamkeit nicht darin,

Meditation gut zu können oder bestimmte Begriffe zu verstehen, oder dadurch, dass man die geschäftige Welt ausschließt, inneren Frieden zu erzeugen. Der Sinn der Achtsamkeitspraxis ist vielmehr, ein lebendigeres, empfänglicheres, tatkräftigeres und warmherzigeres Lebensgefühl zu kultivieren: in der Welt, die bereits existiert, in dem Leben, das Sie bereits leben.

Der Grund, weshalb Achtsamkeit ein bisschen schwer zu erklären und zu verstehen ist, liegt darin, dass gewisse Paradoxien dazugehören. So sagte zum Beispiel der berühmte Zen-Lehrer Shunryu Suzuki einmal: »So wie ihr seid, seid ihr perfekt, und trotzdem könntet ihr ein paar Verbesserungen gebrauchen.« Das ist so ähnlich wie die etwas paradoxen Ziele der Frau in dem Achtsamkeitsseminar, die ich weiter oben erwähnt habe: Was sie erlebte, sollte anders (oder besser) werden, aber sie wollte nichts in ihrem Leben ändern (oder loslassen).

Damit sieht und umfasst Achtsamkeit zwei Welten gleichzeitig: das Universale und das Relative oder den Großen Geist und den Kleinen Geist. Einerseits ist das Ziel ein bedingungsloses Akzeptieren dessen, was Sie sind und was Sie erleben. Im großen universalen Plan der Dinge sind Sie so, wie Sie sind, perfekt. Und doch ist das noch etwas anderes als die relative Welt, und nur in der brauchen Sie ein paar Verbesserungen. Vom Standpunkt des Absoluten aus gesehen sind Sie tatsächlich vollkommen, einschließlich all Ihrer Kämpfe, Leiden, Sehnsüchte und Abneigungen. Und doch gehört es zum Kern der Achtsamkeitspraxis, vertraut zu werden mit den eigenen individuellen Mustern und Tendenzen, Ängsten und Enttäuschungen und auf sie einzugehen, um die alltäglichen Lebensprobleme transformieren zu können, statt sie zu ignorieren oder zu verdrängen.

Jedes der sieben Kapitel in diesem Buch beinhaltet eine Anzahl von Übungen, Experimenten und Aktivitäten, die Ihnen helfen sollen, die sieben Prinzipien in Ihrem Leben zu verstehen und zu verwirklichen. Diese sieben Prinzipien bauen auch aufeinander auf, und ich habe sie in drei Gruppen gegliedert, die ich »Erforschen«, »Sich verbinden« und »Integrieren« genannt habe. Die ersten vier konzentrieren sich hauptsächlich auf die innere Arbeit der Selbsterforschung und Selbstwahrnehmung.

Die nächsten beiden konzentrieren sich vor allem auf Beziehungen: Ihre Beziehungen zu anderen Menschen, zu Ihrer Arbeit und zu der Welt insgesamt. Und das siebte Prinzip konzentriert sich darauf, alles zu integrieren und zu verbinden. Letzten Endes arbeiten alle sieben Prinzipien zusammen, um Ihnen bei der Erkenntnis zu helfen, was jeweils im gegebenen Moment das Wichtigste ist, damit Sie die wirkungsvollste Entscheidung treffen können. Alles in allem stellen sie ein Handbuch oder Arbeitsbuch dar, wie Sie sich als Achtsamkeitsübende und als achtsame Führungspersönlichkeit entwickeln können.

Es folgt nun eine kurze Zusammenfassung, um was es bei den sieben Prinzipien geht.

ERFORSCHEN

- **DIE ARBEIT LIEBEN:** Fangen Sie mit der Inspiration an, mit dem Wesentlichsten. Bestätigen und kultivieren Sie Inspiration – Ihre tiefsten, vom Herzen kommenden Intentionen.
- **DIE ARBEIT TUN:** Pflegen Sie eine regelmäßige Meditations- und Achtsamkeitspraxis. Lernen Sie, bei der Arbeit und in allen Lebensbereichen angemessen zu reagieren.
- **KEIN EXPERTE SEIN WOLLEN:** Lassen Sie den Gedanken los, dass Sie recht haben. Treten Sie ein in ein größeres Staunen, lassen Sie mehr Offenheit und Verletzlichkeit zu.
- **DEN EIGENEN SCHMERZ BERÜHREN:** Gehen Sie dem Schmerz, der zum Menschsein gehört, nicht aus dem Weg. Verwandeln Sie Schmerz in Chancen und Lernprozesse.

SICH VERBINDEN

- **DEN SCHMERZ DER ANDEREN BERÜHREN:** Gehen Sie dem Schmerz der anderen nicht aus dem Weg. Seien Sie die lebendige Verkörperung einer tiefen Verbundenheit mit dem Menschsein und dem Leben.

- **SICH AUF ANDERE VERLASSEN:** Geben Sie das trügerische Gefühl der Unabhängigkeit auf. Ermutigen Sie andere und lassen Sie sich von ihnen ermutigen, damit eine gesunde Gruppendynamik entsteht.

INTEGRIEREN

- **IMMER WEITER VEREINFACHEN:** Lassen Sie jede Armuts- und Mangelmentalität los. Kultivieren Sie Ehrfurcht und Staunen. Integrieren Sie Achtsamkeitspraxis und Ergebnisse.

Der Ursprung der sieben Prinzipien

Ich habe diese sieben Prinzipien nicht alleine entwickelt. Sie sind aus dem achtsamkeitsbasierten Search-Inside-Yourself-Programm zur Ausbildung von Führungskräften hervorgegangen, das ich bei Google entwickeln half. Dieser evolutionäre Prozess ist ganz wesentlich dafür gewesen, was diese Praxisprinzipien darstellen und wie ich sie verstehe, darum denke ich, es ist sinnvoll, diese Geschichte zu erzählen.

2006, in meiner Zeit als Trainer für Führungskräfte, war Google einer meiner Hauptklienten und im Hauptquartier im kalifornischen Mountain View coachte ich mehrere Führungskräfte in regelmäßigen Sitzungen zu Führung und Teambildung. Eines Tages rief mich ein gewisser Chade-Meng Tan an und bat mich um ein Treffen. Ein paar Google-Kollegen hatten über mich als »den Typen mit zehntausend Stunden Meditationspraxis, einem Master of Business Administration und vielen Jahren Führungserfahrung« gesprochen. Meng, wie ihn alle nennen, war ein Google-Ingenieur.

Meng nimmt Achtsamkeit und Meditation leidenschaftlich ernst, und er ist überzeugt, Meditation sei der Weg, um eine friedlichere Welt zu schaffen. Er beschloss, seine 20 Prozent frei gestaltbarer Arbeitszeit

(Google ermutigt seine Mitarbeiter, bis zu 20 Prozent ihrer Zeit auch in Projekte außerhalb ihres Kernverantwortungsbereichs zu stecken) zu nutzen, um ein Achtsamkeitsprogramm aufzubauen und innerhalb von Google anzubieten. Zu der Zeit existierte noch nichts dergleichen, und er lud mich ein, in dem Entwicklungsteam für das Programm mitzuarbeiten.

Zu diesem Zeitpunkt war er sich schon einmal über den Namen im Klaren: »Search Inside Yourself«, »Such in dir selbst«, ein Wortspiel mit der Tatsache, dass Googles Hauptgeschäft die Suchmaschinen sind. Außerdem hatte Meng sich mit Daniel Goleman, Jon Kabat-Zinn und anderen beraten und war zu dem Schluss gekommen, dieses Achtsamkeitsprogramm müsse um emotionale Intelligenz zentriert sein und starke wissenschaftliche Elemente haben. Sehr ermutigende und spannende Forschungsergebnisse stellen heute einen Zusammenhang her zwischen der Meditationspraxis und Veränderungen im Gehirn sowie konstruktiverem Reagieren auf Stress und emotionale Herausforderungen.

Als Leiter des ersten Search-Inside-Yourself-Programms im Jahre 2007 lud Meng den Zen-Lehrer und Poeten Norman Fischer ein, dazu Mirabai Bush, der eine Organisation namens »Center for Contemplative Mind in Society« leitete. Ich schaute zu, wie diese beiden das Programm leiteten und bot dann den fünfundzwanzig Teilnehmenden Coaching-Einzelsitzungen an. Die nächsten Wiederholungen des SIY-Programms wurden von Norman und mir gemeinsam geleitet. Im folgenden Jahr leiteten Meng und ich die meisten Schulungen gemeinsam, zusammen mit Philippe Goldin, einem weltweit führenden Wissenschaftler in der Hirnforschung und zu Effekten von Achtsamkeit.

Das Programm kam gut an und wurde bei Google extrem populär. In der Firma wurde die ganze Belegschaft neugierig auf Meditation, und alle spürten sofort, was eine regelmäßige Praxis bewirken kann. Die wissenschaftliche Forschung dazu war neu und überzeugend, und wir nutzten sie als zentrales Element der Achtsamkeitslehre; das war sehr wichtig für die aufgeschlossene, aber trotzdem faktenorientierte Google-Belegschaft. Das Programm traf einen Nerv, weil es die anspruchsvolle, temporeiche

Google-Kultur ansprach, indem es Meditation, Achtsamkeit, emotionale Intelligenz, Wissenschaft und Führungsqualifikationen zu einem Ganzen verband. Und was vielleicht am wichtigsten war: Wir schafften es, eine offene und vertrauensvolle Umgebung zu schaffen, die zum Aufbau einer fürsorglicheren, lernbereiten Gemeinschaft führte. Die Teilnehmerinnen und Teilnehmer waren brennend interessiert, miteinander wirklich ins Gespräch zu kommen und ihre Verletzlichkeit zu zeigen, miteinander ihr Leiden unter Problemen und Herausforderungen genauso zu teilen wie die möglichen Potenziale. Der Ruf des Programms verbreitete sich per Mundpropaganda, weil die Teilnehmenden merkten, dass sie kompetenter führen konnten und ihre Gesamtzufriedenheit spürbar wuchs. Ein paar Jahre später wurden diese Eindrücke durch Vorher-Nachher-Befragungen bestätigt.

2009 war es so weit, dass die Wartelisten anschwollen, und sobald ein Programm angekündigt war, war es binnen Minuten voll. 2011 beschlossen Meng und ich, es sei an der Zeit, das Search-Inside-Yourself-Programm auch außerhalb von Google anzubieten, und im folgenden Jahr gründeten Meng, Philippe und ich ein Leadership-Institut auf gemeinnütziger Basis, das Search Inside Yourself Leadership Institute (SIYLI). Ich war Geschäftsführer, Meng war Vorstandsvorsitzender und Philippe war das dritte Vorstandsmitglied.

Gegen Ende des Jahres 2012 zog die Organisation in die stationären Büros im Presidio* in San Francisco um. Wir hatten fünf Vollzeitangestellte, testeten das Programm bei verschiedenen Organisationen und hatten es in der Stadtmitte von San Francisco gerade zum ersten Mal öffentlich angeboten. 2013 starteten wir, um der Nachfrage innerhalb von Google besser nachkommen zu können, mit zwölf Google-Mitarbeiterinnen und -Mitarbeitern unser erstes Ausbildungsprogramm für Achtsamkeitslehrende.

* »Presidio« hießen die alten Militärstützpunkte der Spanier in Nordamerika. Das Presidio von San Francisco ist ein Park und ehemaliger Militärstützpunkt am Nordende der San-Francisco-Halbinsel (Anm. d. Übers.).

Ein wichtiger Aspekt des SIY-Programms ist die Vermittlung von Achtsamkeit und Meditation. Wir baten Norman Fischer, an einem der ersten Treffen mit den zwölf Kandidaten und Kandidatinnen dieses Ausbildungsprogramms teilzunehmen. Während Meng zu den Teilnehmenden sprach, saß ich neben Norman, zeigte ihm die Tagesordnung und machte ihm klar, dass er als Nächster dran war! Obwohl er es nicht wusste, war er doch eingeplant für einen Vortrag, worauf es beim Lehren und Vermitteln von Achtsamkeit am meisten ankommt. Ganz ruhig begann er sich auf einem leeren Blatt Papier Notizen zu machen.

Diese Notizen enthielten das, was Norman für die sieben Kernprinzipien bei der Vermittlung von Achtsamkeit hielt, und die er bei seinem anschließenden Vortrag ausführte. Beim Zuhören wurde mir klar, dass diese Prinzipien einen kraftvollen Ansatz und Zugang zur Kunst von Mindful Leadership darstellten und über die Schulung neuer Achtsamkeitslehrender weit hinausgingen. Danach stellte ich auf jeden Schreibtisch bei SIYLI ein Schild mit diesen sieben Übungen. Ich übernahm sie als Leitprinzipien für den Aufbau der Unternehmenskultur, die ich innerhalb der Organisation schaffen wollte: dafür, wie ich Führungsqualitäten vermitteln wollte, dafür, wie ich mich als Führungsperson zeigen wollte, und dafür, wie ich mein Leben führen wollte.

Ich fing an, in die Vorträge, die ich bei Google und auf Konferenzen hielt, diese Prinzipien aufzunehmen. In einer Meditation stellte ich mir sie als *Handbuch* für Mindful Leadership vor, also etwa so wie dieses Buch. Als diese Vorstellung vor meinem geistigen Auge konkreter wurde, rief ich meinen Freund Norman an und bat ihn um Erlaubnis, seine Anweisungen zum Gegenstand meines nächsten Buches zu machen.

Norman antwortete: »Welche Anweisungen? Ich kann mich nicht erinnern.« Ich las ihm die Liste der sieben Prinzipien vor, und er sagte: »Ach so! Ja, die sind echt gut! Ich freu mich drauf, dein Buch zu lesen.«

Teil I

ERFORSCHEN

PRINZIP 1

Die Arbeit lieben

Liebe ist die Qualität von Aufmerksamkeit,
die wir den Dingen entgegenbringen.
J. D. MCCLATCHY

Bei einem der ersten Search-Inside-Yourself-Programme im Google-Hauptquartier in Mountain View (ich war einer der beiden Leiter) ließen wir die Teilnehmerinnen und Teilnehmer das sogenannte »Achtsame Zuhören« üben, bei dem eine Person spricht und die andere einfach zuhört, ohne zu unterbrechen oder Fragen zu stellen. Dies ist eine Möglichkeit, die Bewusstheit, um die es bei der Meditation geht, in den Umgang mit anderen Menschen zu tragen. Einfach nur zuzuhören, mit voller Aufmerksamkeit, kann ein großartiges Geschenk und eine wichtige Fähigkeit sein, wenn man gesunde Kommunikation kultivieren möchte. Wenn ich die Teilnehmerinnen und Teilnehmer anleite, schlage ich immer vor, dass die Person, die spricht, das Risiko eingehen und damit experimentieren soll, dass sie vielleicht gar nicht weiß, was sie sagen will; sich vielleicht sogar selbst überrascht damit. Jeder und jede ist einmal an der Reihe und soll zwei Fragen beantworten: Warum bist du heute hier? Und warum bist du heute *wirklich* hier? Alle haben ein paar Minuten Redezeit, und dann nehmen wir uns als Gruppe ein paar Minuten, um die Übung abschließend zu besprechen, uns darüber auszutauschen, wie es sich anfühlt, ohne Unterbrechung einfach nur zuzuhören oder zu sprechen.

Bei diesem Seminar damals konnte ich nicht umhin, eine junge Frau hinten im Raum wahrzunehmen, die sich die Tränen trocknete, während sie zu ihrem Partner sprach. Mit jeder Minute wurde ihr Schluchzen stärker. Als alle fertig waren, fragte ich die Gruppe, wie sie sich fühlten. Wie hatten sie es erlebt, die Meditation in das Sprechen und Zuhören einzubringen? Die junge Frau, die geweint hatte, war die Erste, die sich meldete. Sie erzählte der Gruppe, dass sie Ingenieurin sei und es sie überrascht habe, wie tief und intensiv die Gefühle waren, die in ihr hochkamen, als sie zuerst aussprach, warum sie hier bei diesem Seminar war, und dann, warum sie *wirklich* hier war. Die Fragen halfen ihr, sich an das zu erinnern, was sie ursprünglich zur Meditation und zur Achtsamkeitspraxis hingeführt hatte, aber auch, wie traurig und verloren sie sich fühlte, weil ihr Leben immer hektischer und zerfahrener geworden war. Als sie während der Übung an der Reihe war, zu sprechen, berührte sie etwas Tiefes in sich und sie fühlte sich ernst genommen. Sie fühlte sich als Mensch wahrgenommen und nicht bloß in ihrer Rolle. Dieses Gefühl, wahrgenommen und wertgeschätzt zu werden, war etwas, wonach sie sich sehnte, genauso wie danach, bei ihrer Arbeit und in ihren Beziehungen aus eigener Initiative heraus aktiv mehr Verbundenheit und Wertschätzung zu kultivieren.

Konspirativ inspirierende Aspiranten: Zusammen atmen

Es ist kein Zufall, dass »Die Arbeit lieben« die erste Übung einer achtsamen Führungsperson ist. Achtsamkeitspraxis beginnt mit Liebe, mit tiefer Fürsorge. Liebe ist das, was Körper, Geist und Herz zusammenkommen lässt. Liebe ist mehr als eine Idee und mehr als ein Gefühl.

»Die Arbeit lieben« ist eine Anweisung, die überraschend pragmatisch ist; sie kann uns in vielen Situationen helfen, Hindernisse zu überwinden. Was wir lieben, dem schenken wir Aufmerksamkeit – und zwar auf unverwechselbare Art und Weise. Unsere Aufgabe, unsere »Arbeit« mag in einem beliebigen Moment schwierig oder langweilig scheinen. Es mag sein, dass sie voller Widersprüche, Stolpersteine oder Rückschläge ist. Wenn wir uns ihr mit Liebe nähern, sehen wir, was wichtig ist, und nehmen die Schwierigkeiten als Teil des Prozesses an, als Notwendigkeiten, die zu überwinden sind. Liebe ist die ultimative, die kraftvollste Motivation, etwas zu tun oder sich auf andere einzulassen, aber sie ist eine besonders mächtige Kraft, wenn es um die Praxis geht, mehr zu sich selbst zu finden, klarer zu sehen und sich nicht von den Illusionen täuschen zu lassen, man sei unzulänglich oder von anderen isoliert.

Es gibt viele Arten der Liebe. Diejenige, über die ich hier spreche, ähnelt dem ersten Schritt in der sogenannten »Heldenreise«, wie ihn Joseph Campbell beschrieben hat; er nennt ihn »die Berufung«. Berufung steht für eine grundlegende Verlagerung der Aufmerksamkeit, einen Wandel des gesamten Daseinsgefühls; die Berufung fordert uns auf, das Gewöhnliche zu verlassen und dem Außergewöhnlichen zu folgen. In Campbells Worten:

> Der Ruf des Abenteuers führt in einen Wald, in ein unterirdisches Königreich, in Meerestiefen, in Himmelshöhen, auf eine geheime Insel, auf einen erhabenen Berggipfel oder in einen tiefen Traum; aber immer an einen Ort seltsam fließender Konturen und vielgestaltiger Wesen, unvorstellbarer Qualen, übermenschlicher Heldentaten und unaussprechlicher Freuden.

Auf die Berufung zu antworten, führt zu gesteigerter Bewusstheit und Zielstrebigkeit. Der Held oder die Heldin sucht etwas ultimativ Wichtiges, das sind zum Beispiel übermenschliche Heldentaten angesichts echter Gefahren (sprich, die vielgestaltigen Wesen und unvorstellbaren

Qualen). In Geschichten reist der Held oder die Heldin gewöhnlich in eine magische, traumhafte Welt, aber die Berufung steht in Wirklichkeit eigentlich für einen Wandel in der Sichtweise: wie man die eigene Rolle betrachtet, das eigene Lebensziel, die eigene Situation – und die Risiken.

Die Arbeit lieben, das ist die Berufung. Sie verlangt, dass wir uns den Führungsaufgaben, der Arbeit, den Beziehungen und allen Teilen unseres Lebens mit der transformativen Motivation der Liebe nähern. Diese Liebe entspringt einem tiefen Ort im Inneren und inspiriert uns, etwas zu riskieren und nach dem zu greifen, was das Wichtigste ist.

Das Wort »inspirieren« kommt vom lateinischen »inspirare«, das »einatmen« bedeutet. Liebe ist etwas, was uns eingehaucht wird und dem wir unseren Atem entgegenbringen. Aus der Inspiration kommt das mittlerweile veraltete Wort »Aspiration«, in dem ebenfalls das Atmen steckt. Die Arbeit zu lieben ist inspirierend und beflügelnd – unser Streben, das, was wir ersehnen und wonach wir uns verzehren, ist unser letztendliches Ziel, das Ziel des ganzen Lebens. Es gibt uns eine tiefe Intention, ein dauerhaftes Versprechen, ein Gelübde, das uns sogar dann weiter motiviert, wenn wir gewisse Aufgaben abschließen oder bei anderen versagen. In der buddhistischen Praxis gibt es zwei primäre Gelübde, die Ausdruck dieser Berufung sind, dieser Inspiration und dieses Strebens:

> Die Wesen sind ohne Zahl. Ich gelobe, sie zu retten.
> Verblendung ist unerschöpflich. Ich gelobe, sie zu beenden.

Diese beiden Aussagen, diese Gelübde, sind in sich selbst widersprüchlich und unmöglich. Der Liebe als Berufung ist das jedoch egal. Im Gegenteil, die Liebe fühlt sich hingezogen zur Arbeit mit dem, was schwierig ist, anscheinend sogar unmöglich. Die Liebe begrüßt den Weg der Herausforderungen, den Weg, der unmöglich scheint. Schließlich sind wir selbst ja in vielerlei Hinsicht unmögliche Wesen.

Ich beschreibe die Arbeit der Achtsamkeit und der Meditation oft als eine »Konspiration« (das bedeutet wörtlich »zusammen atmen«). Meditation mag wie eine einsame Aktivität aussehen, aber dem ist nicht so, genauso wenig, wie es eine einsame Unternehmung ist, wenn wir die Berufung zu achtsamer Führung bejahen. Das heißt, unser Streben und unsere Inspiration verlassen sich in höchstem Maße auf das Konspirieren – darauf, dass wir alle zusammen atmen. Indem wir alle konspirieren, unterstützen wir einander dabei, mehr wir selbst zu werden, und helfen uns gegenseitig, uns und die Welt zu heilen. Für mich verkörpert diese Art Konspiration die Kultur, von der Peter Drucker sagte, sie sei über alle Maßen wichtig.

Eigene Werte erforschen: Was lieben Sie?

Fragen Sie sich:

Was inspiriert mich?
Was macht mich wirklich lebendig?
Was erstrebe ich?
Was ist mir am allerwichtigsten?
Was liebe ich am meisten?

In dem Bestseller *Leadership Challenge*, einem erstmals 1987 veröffentlichten klassischen Leadership-Handbuch, interviewten die Autoren James Kouzes und Barry Posner den Generalmajor John H. Stanford, einen hochdekorierten Militärführer der US Army, der die Leitung der Schulverwaltung in Seattle übernommen hatte.* Die Autoren fragten Stanford, was er für die Ausbildung von Führungskräften empfehlen würde, sei es nun im Wirtschaftsleben, im ehrenamtlichen Bereich, bei gemeinnützigen Organisationen oder in der Wissenschaft. Seine Antwort:

* James M. Kouzes und Barry Z. Posner, *Leadership Challenge*, Wiley-VCH Verlag: Weinheim 2008.

»Das Geheimnis des Erfolges ist: verliebt zu bleiben. Verliebt zu bleiben, gibt Ihnen das Feuer, andere Menschen zu entzünden, in andere Menschen hineinzuschauen, den größeren Wunsch zu haben, etwas zu schaffen […] Ich kenne kein anderes Feuer, irgendetwas anderes im Leben, das begeisternder oder positiver wäre als Liebe.«

Und um dem Nachdruck zu verleihen, beenden Kouzes und Posner ihr Buch mit der Aussage: »Führung ist keine Sache des Kopfes. Führung ist eine Sache des Herzens.«

Dem stimme ich voll und ganz zu, und deshalb ist »Die Arbeit lieben« die erste Disziplin von Mindful Leadership.

VERSUCHEN SIE FOLGENDES: Die folgende Übung habe ich im Search-Inside-Yourself-Programm mitentwickelt, um den Teilnehmerinnen und Teilnehmern dadurch zu helfen, ihre eigenen Werte kennenzulernen – das, was ihnen am wichtigsten ist, was sie am meisten lieben.

Schreiben Sie in Ihr Tagebuch oder auf ein Blatt Papier die Namen von drei Menschen, die Sie am meisten bewundern. Es können Personen sein, die noch leben oder die schon tot sind, eigene Bekannte oder historische Persönlichkeiten. Es können fiktive Charaktere oder Filmfiguren sein oder sogar Comichelden. Wer fällt Ihnen ein? Lassen Sie sich überraschen.

Dann schreiben Sie ein oder zwei Sätze, warum Sie diese drei Menschen ausgesucht haben. Was haben sie gemacht und was bedeuten sie für Sie? Denken Sie an Situationen, die beispielhaft zeigen, warum Sie sie ausgesucht haben. (Ich schlage vor, dass Sie das gleich machen, bevor Sie weiterlesen.)

Die Menschen, die wir als am meisten von uns bewundert aussuchen, repräsentieren im Normalfall das, was uns am wichtigsten ist. Stimmt das auch bei Ihnen? Ausgehend von Ihren Beschreibungen dieser drei Menschen schreiben Sie jetzt die drei bis fünf Werte auf, die Sie als Ihre höchsten betrachten. Während Sie über Ihre Werte nachdenken, können auch andere Ideen aufkommen, die von den ausgesuchten Personen noch nicht erfasst sind. Die können Sie ebenfalls hinzufügen.

Sobald Sie die Liste Ihrer Werte fertig haben, können Sie damit experimentieren, auf der Grundlage der folgenden Stichwörter aufzuschreiben, was Ihnen in den Sinn kommt:

- Für mich ist am wichtigsten, dass ...
- Meine Werte sind: ...
- Meine Werte zeigen sich bei meiner Arbeit und in meinem Leben folgendermaßen: ...
- In folgenden Punkten sind meine Werte mit meinem Leben und meiner Arbeit nicht im Einklang: ...
- Was ich tun könnte, um die Kluft zwischen meinen Werten und meiner Tätigkeit zu verringern: ...

Was ist Liebe?

Liebe ist beim Thema Führung sicherlich eine Berufung, aber es ist auch sinnvoll, Liebe zu definieren, um zu reflektieren, was diese Praxis eigentlich von uns will.

Es gibt viele Arten und Definitionen der Liebe, aber ich will mich auf vier Qualitäten konzentrieren, aus denen sich Liebe zusammensetzt. Im Buddhismus sind diese Anweisungen als die »Vier Unermesslichen« bekannt, da die vier Elemente einzeln und zusammen jedes erdenkliche Maß überschreiten würden, wenn man sie praktiziert. Diese vier Qualitäten sind:

- liebevolle Güte
- Mitgefühl
- Freude
- Gleichmut

LIEBEVOLLE GÜTE: Dies ist die Praxis, Mitmenschen fürsorglich zu behandeln. Ich erinnere mich, wie ich einmal vor vielen Jahren als Geschäftsführer von Brush Dance einem Magazin ein Interview gab zum Thema: Wie man Zen und das Geschäftsleben zusammenbringt. Der Reporter fragte mich: »Wie sieht das aus – wie praktiziert man Zen am Arbeitsplatz?« Ich antwortete, die Hauptpraxis sei Güte – die Menschen, mit denen man arbeitet, die Kunden und Kundinnen, die Zulieferer, ja sogar sich selbst wichtig zu nehmen und freundlich zu ihnen und sich zu sein. Der Reporter war sichtlich unzufrieden mit dieser Antwort und sagte: »Nein, im Ernst, was heißt das, am Arbeitsplatz Zen zu praktizieren?« Ich wiederholte meine Antwort und sagte, Freundlichkeit und Güte seien schwieriger als man denke, vor allem, wenn etwas schiefgeht, wenn es Konflikte gibt, wenn die Umsätze nicht stimmen. Freundlichkeit und Güte bringen einen weit, auch bei der Arbeit.

MITGEFÜHL: Mitgefühl hat drei Elemente – den Schmerz eines anderen spüren, andere verstehen und anderen helfen wollen. Mitgefühl und Führen mit Mitgefühl ist ein Hauptelement achtsamer Führung. Mitgefühl ist überhaupt der rote Faden, der sich durch die sieben Achtsamkeitsprinzipien zieht.

FREUDE: Damit ist ein tiefes Glücksgefühl gemeint, das nicht von irgendwelchen Bedingungen abhängig ist. Es ist die Freude darüber, dass man lebt. Das ist nicht die kleingeistige Freude darüber, dass man seine Arbeit gut macht und einen Bonus bekommt; es ist die Freude eines großen Denkens, die alles wertschätzt und feiert, Gutes und Schlechtes. Diese spezielle Praxis der Freude wird manchmal auch als »Mitfreude« bezeichnet, als eine Übung, die Freude anderer anzuerkennen und sich an ihrer Freude mitzufreuen.

GLEICHMUT: Dies ist die Praxis, die Sorge um das eigene Wohl loszulassen, Gelassenheit und eine akzeptierende Haltung zu kultivieren. Gleichmut heißt nicht, Gefühle zu unterdrücken oder im Keim zu ersticken. Gleichmut ist die Praxis, inmitten von Stress, Verwirrung, Veränderung, Herausforderungen und Zeitdruck Gelassenheit zu finden.

In einer seiner ersten Lehrreden nennt Buddha einige positive Auswirkungen, wenn diese Übungen der Liebe kultiviert werden. Darunter sind:

- gut schlafen,
- leichten Herzens erwachen,
- bei anderen gern gesehen sein,
- sich gut konzentrieren können,
- ein strahlendes und reines Gesicht haben und
- ein klarer Geist im Moment des Todes.

Das sind schon enorme Vorteile! Ich würde noch hinzufügen: Wenn Sie »Die Arbeit lieben« auf diese Art regelmäßig praktizieren, dürften Sie wahrscheinlich glücklicher sein und die Menschen um Sie herum werden glücklicher sein. Ihre Arbeit wird effektiver und erfolgreicher sein. Und Sie werden die Kultur Ihres Umfelds so beeinflussen, dass sie unbeschwerter, gewinnender und kreativer sein kann.

Was heißt »die Arbeit«?

Während »Die Arbeit lieben« heißt, die Intention und die Perspektive der Liebe in alles hineinzutragen, was wir tun, bezieht sich diese Praxis auch auf eine ganz spezifische Form der Arbeit: das Kultivieren von Achtsamkeit. Das bedeutet, mit größerer Klarheit die Dinge zu sehen, wie sie wirklich sind, und jedwede beschränkte Sichtweise, die wir irgendwann einmal konstruiert haben, loszulassen. Es bedeutet, mehr Selbstwahrnehmung auszubilden, um – paradoxerweise – weniger selbstbezogen zu sein. Es bedeutet, die Dinge aktiv und mit einer ergebnisoffenen Neugier zu hinterfragen.

Die Arbeit zu lieben, heißt, sich zu öffnen und so gut wir können wahrzunehmen, wie wir beschränkte Einstellungen und engstirnige mentale Modelle erzeugen. Um es mit den bereits genannten Begriffen zu sagen: Es schließt den Kleinen Geist, das »Default Mode Network« (»Ruhezustandsnetzwerk«) ein und geht gleichzeitig darüber hinaus, indem es die Perspektive des Großen Geistes erschließt. Wenn wir selbstbezogene Ängste und Sorgen reduzieren oder loslassen, erkennen wir: Der wahre »Default Mode«, die wahre »werksseitige Grundeinstellung« unseres Seins sind Staunen und Verbundenheit! »Die Arbeit lieben« erkennt, dass es viele Realitäten gibt, viele Arten des Daseins, und dass wir an einer bestimmten Realitätsauffassung nicht allzu sehr hängen sollten.

Die Arbeit der Achtsamkeit ist es, aus uns herauszutreten, damit wir uns sehen können und wahrnehmen, was uns nicht bewusst ist. Wir versuchen, unsere unausgesprochenen Ängste, blinden Flecken, einseitigen Sichtweisen und Vorurteile dingfest zu machen. Das heißt, dass wir zu den Orten vordringen, wo wir blockiert, engstirnig, fixiert sind, an überlebten Glaubenssätzen hängen und in Mustern oder Geschichten stecken geblieben sind. Indem wir die Arbeit lieben, bauen wir Vertrauen zu uns selbst auf, werden vertrauenswürdiger, gewinnen an innerer Stärke und wir verbessern unsere Beziehungen und unsere Arbeitsergebnisse.

Diese Arbeit erfordert Mut. Nicht den körperlichen Mut, der nötig ist, um jemandem das Leben zu retten oder einen Angreifer abzuwehren, sondern den Mut, authentisch, offen und verletzlich zu sein. Den Mut, auch unangenehme und peinliche Gefühle zuzulassen, wie die Google-Ingenieurin, die offen weinte und den Schmerz, der sie in das Seminar geführt hatte, mit den anderen teilte. Es ist der Mut, inmitten all dieser Gefühle zu sprechen und aktiv zu werden. Was dabei herauskommt, lohnt sich allemal.

Meditation: Hinschauen, lauschen, zuhören lernen

Die zentrale Übung beim Kultivieren von Achtsamkeit ist die Meditation. Meditation ist darauf angelegt, uns beim Hinterfragen der Realität zu helfen und uns den Umgang mit Veränderungen, Schwierigkeiten und Ungewissheit leichter zu machen. Dies ist in den letzten Jahren durch wissenschaftliche Untersuchungen bestätigt und quantifiziert worden. Da ist zum Beispiel eine Studie von Britta Hölzel, Sara Lazar und anderen, 2011 veröffentlicht unter dem Titel »How does mindfulness meditation work?« (»Wie funktioniert Achtsamkeitsmeditation?«)*, die einige positive Auswirkungen der Achtsamkeitsmeditation konkret beschreibt. Die Studie fasst sie folgendermaßen zusammen:

> Indem die Praktizierenden Bewusstseinsinhalte genau beobachten, gewinnen sie ein Verständnis dafür, dass diese Inhalte in ständigem Wandel und daher unbeständig sind. Die achtsame, nichturteilende Beobachtung fördert die Lockerung der Identifikation mit den Bewusstseinsinhalten. Dieser Prozess ist »reperceiving« (»neu wahrnehmen«) oder »decentering« (»dezentrieren«) genannt worden […] und wird auch beschrieben als »Aufbau einer Beobachterperspektive«.

Schauen wir uns einmal genauer und in etwas alltäglicherer Sprache an, was das bedeutet.

---

* Britta K. Hölzel u. a., How does mindfulness meditation work? Proposing mechanisms of action from a conceptual and neural perspective. *Perspectives on Psychological Science, 6* (2011), 537–559.

»BEWUSSTSEINSINHALTE GENAU BEOBACHTEN«: Ein wichtiger Aspekt der Achtsamkeitspraxis und der Realitätsprüfung ist das Beobachten der eigenen Gedanken, Gefühle und Empfindungen – also sich des eigenen Erlebens deutlicher bewusst zu werden. Manchmal fühlen wir etwas, ohne wirklich zu begreifen, was dieses Gefühl ausgelöst hat. Außerdem konstruieren wir eine Identität, ein »Ich« mit spezifischen Wünschen und Abneigungen. Achtsamkeit heißt, mit dem eigenen Bewusstsein eng vertraut zu werden und Gewohnheiten und Muster zu bemerken.

»VERSTÄNDNIS FÜR DEN STÄNDIGEN WANDEL«: Indem man in der Meditation mit der flüchtigen Natur von Gedanken und Emotionen vertraut wird und besser versteht, was Veränderung ist, wird dieser Aspekt der Achtsamkeit zum konstanten Merkmal einer Bewusstheit für den Moment.

»LOCKERUNG DER IDENTIFIKATION«: Achtsamkeit unterstützt die Fähigkeit, unsere Geschichten und Erzählungen als Reflexion subjektiver Realität zu sehen, nicht objektiver. Wie die Google-Ingenieurin sagte: Wir sind mehr als unsere Rollen, mehr als die Persönlichkeit, die wir entwickeln. Meditation hilft uns, einen Schritt zurückzutreten und unser Denken und unsere Emotionen so zu beobachten, wie es ein Außenstehender vielleicht tun würde. Wir steigern unsere Fähigkeit, uns selbst in einer umfassenderen Perspektive zu sehen.

»REPERCEIVING, NEU WAHRNEHMEN«: Das hat mit der Lockerung der Identifikation zu tun. Die Übung, Gedanken, Gefühle und Sinneseindrücke wahrzunehmen und mit ihnen vertraut zu werden, hilft uns, nicht mehr so stark mit ihnen identifiziert zu sein, damit wir sie in einem anderen Licht sehen können oder unter einem anderen – vielleicht nützlicheren und sachlich genaueren – Blickwinkel.

Achtsamkeitsmeditation

Praktizieren wir.

Beginnen Sie damit, Ihre Aufmerksamkeit auf den Körper zu lenken. Suchen Sie eine Sitzposition, ob auf einem Stuhl oder einem Sitzkissen, in der Sie gleichzeitig hellwach und ganz entspannt sein können.

Um die Entspannung zu fördern, lassen Sie zu Anfang den Bereich um die Augen und die Gesichtsmuskeln weich werden. Sie können die Augen offen halten, ohne etwas zu fixieren, oder die Augen schließen, wenn sich das angenehmer anfühlt. Nehmen Sie wahr, ob Sie irgendwo etwas festhalten oder eine Anspannung spüren, und lassen Sie diese wenn möglich los. Nehmen Sie den Übergang wahr: Sie haben gerade noch irgendetwas gemacht, und jetzt halten Sie an, halten inne und lassen los. Womit Sie gerade beschäftigt waren, Ihre Projekte, To-do-Listen, alles Unerledigte – lassen Sie alles liegen. Es wird später immer noch da sein.

Um dieses »Hellwache« zu verstärken, setzen Sie sich ein bisschen aufrechter hin als sonst, lenken ein wenig Aufmerksamkeit zur Wirbelsäule. Wählen Sie eine Position für Ihre Hände und Füße. Machen Sie Schultern und Brustkorb auf und lassen Sie den Atem ungehindert fließen. Oft engen wir den Atem ein, ohne es zu merken.

Und nun wenden Sie Ihre Aufmerksamkeit dem zu, was in Ihrem Körper passiert. Nehmen Sie wahr, wie die Füße den Boden berühren, wie die Hände auf den Oberschenkeln oder im Schoß liegen. Nehmen Sie wahr, wie es sich anfühlt, auf dem Stuhl oder dem Sitzkissen zu sitzen. Entspannen Sie die Kiefermuskeln. Spüren Sie in Ihren Körper hinein.

Lenken Sie nun Ihre Aufmerksamkeit auf das Atmen. Nehmen Sie nur wahr, dass das Atmen geschieht, ohne dass Sie etwas tun müssen. Nehmen Sie jeden Einatem und Ausatem wahr und auch die Pausen dazwischen. Können Sie dem Atmen eine gewisse Neugier entgegenbringen, eine kindliche Art des Interesses, als würden Sie Ihren Atem zum ersten Mal bemerken? Denn in der Tat: Dieser Atem, dieser Augenblick ist neu! Er ist nicht früher schon einmal geschehen, und er wird auch nie wieder geschehen. Also, geben Sie acht! Mit Neugier und vielleicht einer Prise Warmherzigkeit gegenüber sich selbst. Sie wissen ja, ein zentraler Aspekt der Achtsamkeitsmeditation und der »Liebe zur Arbeit« ist es, eine Haltung der Offenheit und Freundlichkeit gegenüber sich selbst zu kultivieren.

Was passiert in Ihrem denkenden Geist? Ist Ihr Geist geschäftig oder ruhig, skeptisch oder offen? Nehmen Sie es nur wahr und bringen Sie dann Ihre Aufmerksamkeit, so gut es geht, sanft zum Körper und zum Atem zurück.

Was fühlen Sie? Wie ist Ihre Stimmung? Wieder einfach nur wahrnehmen. Spüren Sie in Ihre Gefühle hinein. Vielleicht gehen Sie auch tiefer und fragen: *Was ist jetzt gerade in meinem Herzen? Was sind meine tiefsten, fundamentalsten Gefühle? Was liebe ich?*

Rufen Sie sich Menschen ins Gedächtnis, die Sie sehr lieben: Ihre Partnerin oder Ihren Partner, Ihre Kinder, Eltern oder enge Freunde und Freundinnen. Erlauben Sie sich ein Gefühl tiefer Fürsorge, Wertschätzung und Verbundenheit. Lassen Sie die Geschichten und Dramen los. Lassen Sie zu, sich geliebt und wertgeschätzt zu fühlen. Und dann schauen Sie, ob Sie diesen Kreis der Liebe und Fürsorge ausweiten können. Bieten Sie den Gedanken dar: *Möge jeder, mögen alle Wesen glücklich sein, mögen sie frei sein, mögen sie in Frieden leben.*

Dann lassen Sie diese Gedanken wieder los und bringen Ihre Aufmerksamkeit sanft zum Körper oder zum Atem zurück.

Nehmen Sie einfach wahr: Wie ist es, genau jetzt hier zu sitzen? Können Sie, ohne etwas verändern zu wollen, alle Ideen über Richtig und Falsch loslassen und einfach Ihrem Erleben Aufmerksamkeit entgegenbringen? Wie ist es, genau jetzt hier zu sein? Wie ist es, genau jetzt am Leben zu sein? Können Sie sich diese Fragen mit einer gewissen Neugier und Wertschätzung für alles, was aufkommt, stellen?

Eine Anmerkung: Manchmal können Sie fokussieren – auf Atem und Körper und Gefühle. Sie können Ihre Bewusstheit auch öffnen –

für die Geräusche, das Licht, jede Empfindung; Körper und Geist öffnen für alles, was da ist. Sitzen Sie noch ein paar Minuten still da, wobei Sie genau das richtige Maß an Bemühung einsetzen, um bewusst wahrnehmen zu können.

Und wenn Sie so weit sind, bringen Sie Ihre Aufmerksamkeit zurück in Ihren eigenen Raum und zu dem, was für Sie das Nächstliegende ist. Schauen Sie, ob Sie diese Ahnung von Fokussiertheit, von Offenheit, Neugier und Warmherzigkeit in Ihren Tag und in Ihr Leben tragen können.

»Annahme verweigert«: Die drei Affen

Ich fand es immer interessant und überraschend, dass in Joseph Campbells Modell der Heldenfahrt das zweite Stadium nach der Berufung lautet: »Die Berufung ablehnen.« In den vielen Geschichten erhält der Held eine klare Berufung, ist aber sofort voller Zweifel, am Zögern oder hat schlicht nackte Angst. Ich habe festgestellt, dass das auch in meinem Leben so war. Momente der Inspiration und der Sehnsucht sind schwer aufrechtzuerhalten. Wir haben den ehrlichen Wunsch, die »Arbeit zu lieben« und achtsame Führung zu üben, aber Liebe kann schwierig und riskant sein. Liebe bedeutet, verletzlich und offen zu sein. Klar zu sehen, heißt auch, zuzugeben, dass es Schmerz, Fehlschläge und Grenzen gibt.

Aus der Evolutionsbiologie wissen wir, dass die menschliche Spezies bei ihrer Evolution über Millionen Jahre hinweg einzig und allein ein Ziel hatte: zu überleben und ihre Gene an die nächste Generation weiterzugeben. Aufgrund unserer evolutionären Entwicklung spüren wir Angst, sind unzufrieden und brauchen die Verbundenheit mit anderen. Diese ererbten, evolutionär entwickelten Merkmale können Barrieren für die Liebe und innerliche Hindernisse für achtsame Führung sein. Kurz gesagt: In den meisten Situationen ist unser primärer Instinkt die Selbsterhaltung, und wir neigen dazu, uns zurückzuziehen, wenn wir uns bedroht fühlen.

Mein Freund Mario, Wissenschaftler bei Google, sagt gerne: »Wir stammen von nervösen Affen ab!« Die Affen, die cool und entspannt blieben, haben es nämlich nicht geschafft. Sie haben nicht überlebt. Sie wurden getötet oder von Raubtieren gefressen. Als Abkömmlinge der nervösen Affen neigen wir dazu, die Umgebung ständig nach Gefahren abzusuchen, sowohl äußerlichen als auch innerlichen. In der Welt des Überleben-Müssens ist es besser, in 99 Prozent der Fälle falschzuliegen, bei dem übrigen einen Prozent aber richtig. Das ist absolut entscheidend, wenn physische Sicherheit das einzig Wichtige ist. In diesem Fall ist es klug, jede potenzielle Gefahr als eine Frage von Leben und Tod zu betrachten.

Und doch passt diese Grundeinstellung nicht mehr in die heutige Welt und kann problematisch sein. Die Welt ist immer noch voller Gefahren, aber nur noch wenige sind lebensbedrohlich. Und trotzdem reagiert unser Nervensystem praktisch auf dieselbe Weise: Ob wir auf eine wütende E-Mail reagieren oder auf einen hungrigen Tiger, in unserem Gehirn läutet dieselbe Alarmglocke (die Amygdala) und der Sympathikus lässt das Nervensystem anspringen.

Innerlich hat dieses ständige Absuchen der Umgebung nach Gefahren die Basis für unseren starken inneren Kritiker und unsere Abneigung gegen Negatives gelegt. Die Forschung zeigt, dass wir uns oft sehr scharf verurteilen und dazu neigen, negative Emotionen schneller und mit größerer Intensität zu erleben als positive. Der nervöse Affe hat keine Lust, verletzlich zu sein oder heikle Fragen zu stellen. Die Realität wirkt oft bedrohlich. Es kann schon sein, dass wir ehrlich glauben, die Arbeit zu lieben und klarer zu sehen sei der bessere Weg – der wahre Weg zu nachhaltiger Sicherheit, Zufriedenheit und Erfolg –, aber der nervöse Affe braucht Beruhigung und muss von diesem Weg überzeugt werden.

Wir sind auch Abkömmlinge von »fantasiebegabten Affen«. An irgendeinem Punkt haben unsere Vorfahren Bewusstsein entwickelt: die Fähigkeit, nicht nur für das präsent zu sein, was man im Augenblick tut, sondern auch, sich an die Vergangenheit zu erinnern und sich die Zukunft vorzustellen. In der Tat, im Geiste können wir buchstäblich jedes Szenario und jede Realität heraufbeschwören, die wir wollen! Das ist wirklich erstaunlich. Und wir nehmen es als selbstverständlich hin, ja, wir erkennen das Magische unserer Vorstellungen nicht einmal. Das Phänomen »Bewusstsein« ist an sich absolut verblüffend; es ist immer noch ein Rätsel, woher es kommt und was es alles kann. Und das ist nicht alles. Unsere Vorstellungen erlauben uns, eine Identität zu bilden, ein Selbst. Dieses Selbst beeinflusst Heerscharen von Gedanken, Gefühlen, Emotionen, Vermutungen und Überzeugungen – manche beruhen auf tatsächlichen, aber viele auf imaginären Ereignissen! – und wird wiederum von ihnen beeinflusst, damit ein »Ich« gebildet wird, eine Individualität. Dann erschaffen wir, zusammen mit unseren Familien, Freunden, Organisationen und unserer Kultur, ganze Gesellschaften und Welten, die eigentlich unglaubliche Geschichten unserer kollektiven Imagination sind – Gesetze, Grenzen, die Institution der Ehe, Institutionen, Geld und noch viel mehr.

Merkwürdig nur, dass dieser fantasiebegabte Affe trotz seiner grenzenlosen Fähigkeit, Dinge zu erfinden, selten zufrieden ist. Es scheint, als sei es ein zweiter Aspekt der Evolution und Natur des Menschen, fast ständig mehr und Besseres zu wollen – mehr und besseres Essen, Sex, Geld, Sozialstatus, egal was. Der fantasiebegabte Affe vergleicht viel, wägt gegeneinander ab, beurteilt und denkt voraus und deshalb sind wir auf einer bestimmten Ebene fast dauernd darauf fokussiert, was uns – im Vergleich zu anderen oder zu dem, was wir wollen – fehlt. Sogar wenn wir bekommen, was wir wollen, können wir uns mit Leichtigkeit vorstellen, es wieder zu verlieren, und das untergräbt unsere Befriedigung. Natürlich ist die Fähigkeit, abzuwägen und für den Fall möglicher Gefahren vorauszuplanen, ein riesiger Überlebensvorteil, aber für ein klares Sehen nicht so hilfreich. Es ist eben nicht so, dass wir vollständig gesättigt und befriedigt sind, wenn wir einmal guten Sex hatten oder ein leckeres Essen. Nein, diese Gefühle und Erlebnisse der Befriedigung flauen ab und wir gehen auf die Suche nach mehr.

Und damit stellt der fantasiebegabte Affe noch ein weiteres potenzielles Hindernis auf dem Weg zu Mindful Leadership dar. Die gute Nachricht ist: Wir können unsere Imagination dahingehend trainieren, dass wir zufriedener sind und keinen Mangel empfinden und dass wir besser in der Lage sind, im gegenwärtigen Moment zu verweilen – statt über Vergangenes nachzugrübeln, auszumalen, was uns fehlt, künftige Verhängnisse vorwegzunehmen und Vermutungen (oft unzutreffende) über die Gedanken und Intentionen anderer anzustellen.

Und schließlich sind wir auch Abkömmlinge der empathischen, sozialen Affen. Wir brauchen gegenseitige Verbundenheit und wir sind biologisch so strukturiert, dass wir die Gefühle, Schmerzen und Freuden von anderen (mit allen Zwischentönen) fühlen können. Obwohl diese Fähigkeit als Erfahrungstatsache schon lange verstanden war, wurde sie wissenschaftlich zum ersten Mal 1982 bestätigt, in einer Studie mit Affen (ausgerechnet …). Wissenschaftler der italienischen Universität Parma entdeckten, dass Neuronen im selben Bereich feuern, egal ob jemand eine Tätigkeit wie zum Beispiel Essen tatsächlich ausführt oder nur beobachtet, wie jemand anderes es tut.

So wie die beiden anderen ist dieses Merkmal wahrscheinlich ebenfalls evolutionär entstanden; das individuelle Überleben und das Aufziehen der nächsten Generation werden natürlich erleichtert, wenn Individuen zusammenarbeiten. Menschliche Wesen haben ein starkes, tief verwurzeltes und archaisches Bedürfnis nach Verbundenheit mit anderen. Unsere Identitäten, unser Gefühl für Erstrebenswertes und Sinnvolles, die Art und Weise, wie wir uns selbst sehen, und die Art und Weise, wie wir Gedanken, Emotionen und Handlungen verarbeiten – all das ist geprägt durch und verwoben in unsere Beziehungen zu Familienmitgliedern, Freundinnen, Kollegen und den Menschen, die das Geflecht unserer sozialen Gruppen bilden.

Daher legen wir großen Wert darauf, uns mit Menschen zu umgeben, denen wir vertrauen können, die wir verstehen und mit denen wir kommunizieren können, allerdings widersprechen sich das Bedürfnis nach Sicherheit und das Bedürfnis nach Kontakt oft. Der empathische Affe möchte seine Verbundenheit mit einer kleinen Gruppe, Familie oder einem Stamm pflegen, aber er fürchtet, in dieser Gruppe isoliert zu sein. Umgekehrt neigt er dazu, jeden außerhalb dieser Gruppe, Familie oder dieses Stammes als Gefahr zu betrachten.

In einem positiven Licht gesehen, repräsentieren diese »drei Affen« drei zentrale menschliche Bedürfnisse: Sicherheit, Befriedigung und Beziehung. Sie geben auch nützliche Metaphern für unsere drei Hauptzentren ab: Körper, Geist und Herz. Aber die drei Affen neigen auch dazu, erst einmal negativ zu reagieren oder sich auf negative Weise auszudrücken: Der nervöse Affe hat schnell Angst um seine persönliche Sicherheit. Der fantasiebegabte Affe ist mit sich und anderen schnell unzufrieden. Und der empathische Affe fürchtet und fördert Zwietracht.

Mit anderen Worten, die drei Affen repräsentieren das gewaltige Potenzial menschlicher Wesen: (1) einen stark ausgeprägten Sinn für Selbsterhaltung, der zu mutigen Taten inspiriert; (2) eine unglaublich fortgeschrittene und hoch entwickelte Imagination; und (3) ein starkes Bedürfnis nach Kontakt sowie die Fähigkeit, Emotionen zu kommunizieren und zu verstehen. Aber dieses Potenzial ist eine zweischneidige Sache: Dieselben Eigenschaften, die uns zum Erfolg verhelfen, wenn wir die Berufung zum achtsamen Führen spüren, können sich auch so auswirken, dass wir im Namen der Sicherheit und des Selbstschutzes diese Berufung zurückweisen.

Wir haben das Potenzial, in einer Welt der Konfusion, der Missverständnisse zu leben – indem wir eine Welt schaffen, die vor allem auf Angst und Misstrauen beruht, indem wir diese Angst mithilfe unserer Imagination noch verstärken und indem wir unsere Ähnlichkeit miteinander ignorieren und dagegen die Unterschiede betonen. Dieser Weg führt mit großer Wahrscheinlichkeit zu gesteigertem individuellem Stress und Unzufriedenheit, zu größerer Ungleichheit und Spaltung, zu mehr Missverständnissen und Gewalt. Zu unserer Bestürzung scheint das oft genau die Welt zu sein, die wir geschaffen haben, die, in der wir derzeit leben.

Oder wir können, als Vorbilder achtsamer Führung, Liebe und Verständnis kultivieren: Wir können unsere Verletzlichkeit eingestehen und unsere Tendenz, auf Bedrohungen heftig zu reagieren, und wir können unsere Vorstellungskraft einsetzen, um unsere Ängste zu beruhigen, neu zu trainieren und umzuwandeln. Wir können ein größeres Vertrauen zu uns selbst kultivieren. Und wir können, indem wir unsere Ähnlichkeiten ganz genau anschauen, die Realität anerkennen, dass wir alle zutiefst miteinander verbunden sind. Wir können einsehen, dass wir alle zur menschlichen Familie gehören, auf einem einzigen Planeten leben, den wir miteinander teilen. Wir können danach streben, indem wir unsere angeborenen Fähigkeiten zu Empathie und Mitgefühl nutzen, eine andere Realität zu schaffen – eine Realität aus Vertrauen und Verständnis. Wir können Angst in Hoffnung und Potenzial verwandeln und aktiv in Richtung eines Lebens steuern, das mehr Erfüllung und Bedeutung bietet, mehr Verbundenheit, Gesundheit und Zusammenarbeit.

VERSUCHEN SIE FOLGENDES: Erforschen Sie einmal als Experiment die drei Affen in Ihnen selbst. Nehmen Sie sich einen Moment Zeit, sie zu begrüßen und kennenzulernen. Zum Beispiel den nervösen Affen: Nehmen Sie sich Zeit, sich aufmerksam zu fragen, wann Sie sich in Sicherheit fühlen und wann Sie die Umgebung nach Gefahren absuchen. Spüren Sie konkreten Situationen der letzten Tage oder Wochen nach und erleben Sie sie noch einmal. Wo in Ihrem Körper spüren Sie die Sicherheit, wie fühlt sich die Angst an, wie dieses Absuchen der Umgebung nach Gefahren?

Zum fantasiebegabten Affen: Betrachten Sie aufmerksam Ihr Bedürfnis nach Befriedigung, nach Essen, nach Sex, nach Ablenkung. Registrieren Sie einfach: Welches sind die Gedanken, die zu Befriedigung oder Unzufriedenheit führen? Reflektieren Sie wieder, wie Sie mit den Menschen in Ihrem persönlichen Leben oder bei der Arbeit interagieren.

Nun der empathische Affe: Wie fühlt es sich an, die Emotionen anderer zu fühlen? Machen Sie sich diese Fähigkeit bewusst. Richten Sie Ihre Aufmerksamkeit auf Ihr Bedürfnis nach Verbundenheit. Was verstärkt

Ihr Gefühl der Verbundenheit und was stellt sich ihm in den Weg? Seien Sie so konkret, neugierig und ehrlich wie möglich. Wenn Sie möchten, schreiben Sie Ihre Entdeckungen auf.

Die kreativen Bruchstellen und Grundwahrheiten identifizieren

Das Prinzip »Die Arbeit lieben« bedeutet, dass man die Berufung zu achtsamer Führung bejaht und eine Achtsamkeitspraxis entwickelt, um einen klaren Blick zu bekommen. Das klingt simpel. Unsere Intention bei der Achtsamkeit ist es, Veränderung zu erkennen; zu erkennen, was ist; und zu erkennen, wonach wir eigentlich streben. Nur: Die drei Affen könnten sich von jedem dieser drei Ziele (oder allen dreien) bedroht fühlen. Wir sollten darauf vorbereitet sein, dass wir auf innere Widerstände treffen, die wir überwinden müssen (das gehört mit zu dem Prozess, einen klareren Blick zu bekommen).

Zum Beispiel hat die Realität die irritierende Angewohnheit, sich andauernd zu verändern und zu verwandeln und damit unsere Hoffnungen, Träume und Fantasien total zu sabotieren. Wenn unsere Ideen und Pläne mit der Realität kollidieren, gewinnt gewöhnlich die Realität – sei es nun die Realität unseres alternden Körpers und Geistes, unserer launischen Emotionen, der wirtschaftlichen Umbrüche oder der ständig wechselnden Vorlieben und Gefühle anderer Menschen – Familie, Freunde, Kolleginnen.

Wenn das passiert, wollen wir vielleicht nicht zugeben, dass die Realität unsere Erwartungen nicht erfüllt. Aber dadurch handeln wir uns nur Ärger ein. Wir müssen sehen, was Sache ist, oder, wie Soldaten es nennen: wie die Lage ist. Das, was wirklich passiert, im Gegensatz zu den Prognosen irgendwelcher Geheimdienstberichte oder Operationspläne. Die Lage, das ist der Boden der Tatsachen, das, was Sie zu sich selbst und zu den engsten Freunden und Freundinnen über Ihre reale Befindlichkeit sagen – im Gegensatz zu dem, was Sie wünschten, erhofften, planten, was passieren sollte oder wie Sie vor anderen dastehen wollten.

Denken Sie einmal einen Moment über die Lage in folgenden Bereichen nach:

- **IHR GESUNDHEITLICHES WOHLBEFINDEN**, einschließlich Schlaf, Bewegung, Ernährung und seelische Gesundheit: Wie ist Ihre Befindlichkeit, verglichen mit Ihren Lebenszielen?
- **IHRE ARBEIT:** Wie läuft es? Wie sieht die Realität aus?
- **ENGE BEZIEHUNGEN:** Würden Sie sagen, Sie sind zufrieden? Oder eher enttäuscht? Inwiefern?

Im Krieg und im Leben gibt es immer Diskrepanzen zwischen der tatsächlichen Lage und unseren Visionen, was wir erwartet oder gewollt haben. Natürlich möchten wir diese Diskrepanzen wenn möglich ausgleichen, aber wir müssen sie erst einmal sehen und annehmen. Deshalb ist es eine wichtige Übung beim Thema »Die Arbeit lieben«, dass wir anerkennen, wo wir gerade stehen, wo wir eigentlich hin wollen und wie die Kluft dazwischen aussieht. Dazu ist es gut, sich selbst gegenüber neugierig, offen und mitfühlend zu sein, während man gleichzeitig »hinschaut«, also das, was da ist und was man will, direkt anschaut. Das ist eine wichtige, sogar paradoxe Fähigkeit und Übung: Die Kluft zwischen dem, was ist (der Lage, dem Boden der Tatsachen), und dem, was Sie wollen, anzuerkennen, während Sie gleichzeitig, ohne es ändern zu wollen, respektieren, was ist.

In seinem wegweisenden Buch *Die fünfte Disziplin* bezeichnet Peter Senge diese Kluft als »kreative Spannung«.* Senge behauptet, eine der wichtigsten Kompetenzen einer Führungsperson sei es, mit der kreativen

* Peter M. Senge: *Die fünfte Disziplin. Kunst und Praxis der lernenden Organisation*, Klett-Cotta Verlag: Stuttgart 2011.

Spannung der Kluft zu leben, statt sie zu übertünchen oder sich Strategien zu ihrer Beseitigung auszudenken, um sich besser zu fühlen.

VERSUCHEN SIE FOLGENDES: Nachdem Sie die Lage in einigen Bereichen sondiert haben, machen Sie nun ausfindig, wo bei Ihnen elementare oder kritische kreative Spannungen existieren. In welchen Bereichen ist die Diskrepanz zwischen dem, was ist, und Ihrer Wunschvision am größten? Was könnten Wege sein, um die Kluft zu verringern oder sogar zu schließen?

Welche Unterstützung brauchen Sie?
Was für sachkundige Gespräche könnten nützlich sein?
Was hat Sie bisher daran gehindert, die Kluft zu schließen?
Was müssen Sie vielleicht akzeptieren, statt es ändern zu wollen?
Was gibt es zu lernen?

Führungsaufgabe Achtsamkeit

Vergleicht man das, was Führungspersönlichkeiten mit dem machen, was Achtsamkeit bietet, wird noch mal klar, wie sehr Achtsamkeit und Meditationspraxis einer Führungsrolle dienlich sind. Immer wenn ich das betrachte, bin ich beeindruckt, wie eng und tiefgreifend der Nutzen der Meditation mit den Erfordernissen guter Führung übereinstimmt.

Es gibt viele Definitionen, was Führung ist, aber in diesem Kontext würde ich sagen, dass Führungspersonen im Grunde drei Dinge auszeichnen:

1. **DENKEN** – Führungspersönlichkeiten setzen ihre Intelligenz ein, um zu planen, Dinge zu visualisieren, Probleme zu lösen und Situationen aus mehreren Perspektiven zu betrachten.
2. **ZUHÖREN** – Andere sind ihnen wichtig und sie kooperieren mit ihnen, um eine gemeinsame Vision umzusetzen – was bedeutet, offen, verletzlich und neugierig zu sein.

3. **DEN RAUM OFFEN HALTEN** – Sie versuchen, voll und ganz präsent zu sein, klar, emotional offen und glaubwürdig; sie beeinflussen das Klima, indem sie durch Storytelling, Flexibilität und Verantwortung positive Normen schaffen.

Diese drei Kompetenzen einer Führungskraft passen hervorragend zu den drei Affen. Die Fähigkeit des Nachdenkens ist ein Gegenmittel gegen die emotionale Impulsivität des nervösen Affen. Die Fähigkeit des Zuhörens ist ein Gegenmittel gegen das manchmal falsche, selbstgerechte Fabulieren des fantasiebegabten Affen. Und den Raum offen zu halten, ist ein Mittel, um den Zusammenhalt und die Vertrautheit in einer Gruppe zu fördern und sie auch zum Handeln zu motivieren, was für den empathischen Affen unangenehm sein kann.

Achtsamkeitspraxis zielt ebenfalls sehr direkt auf jeden dieser drei Bereiche: klares Denken zu kultivieren, die Fähigkeit des Zuhörens (auch sich selbst!) zu kultivieren und schließlich die eigene Präsenz, Offenheit und Empfänglichkeit zu entwickeln.

Diese Wirkungen sind durch wissenschaftliche Forschung zunehmend quantifizierbar geworden. Einer der führenden Wissenschaftler der Welt, die sich mit Meditation und ihrem Einfluss auf die geistige Gesundheit beschäftigen, ist Richard Davidson. In dem Buch *Altered Traits* (etwa: »Charakterliche Veränderungen«) beschreiben Davidson und sein Co-Autor Daniel Goleman vier Bereiche, die durch Meditation entwickelt werden:

- Bewältigung von Stress sowie Abschwächung der Reaktion auf belastende Ereignisse
- Zunahme von Empathie und Mitgefühl
- Fähigkeit zu Konzentration und zum Aufrechterhalten von Konzentration und Aufmerksamkeit, dazu die Fähigkeit, die Wahrnehmung zu öffnen und aus mehreren Perspektiven zu sehen

- Die Fähigkeit, das eigene Ich-Gefühl und die Identifikation mit dem Ego zu lockern, dadurch allgemein größere Leichtigkeit und wertschätzende Haltung

Mit anderen Worten: Führung und Achtsamkeit zielen beide darauf ab, dass wir klarer sehen und stärker in der Realität verankert sind. Führungspersönlichkeiten konzentrieren sich auf die Realität der relativen, ständig sich verändernden, alltäglichen Welt: auf Arbeitswelten und Märkte, die sich verändern; auf die Realität der Fähigkeiten, Talente, Köpfe und Herzen der Menschen in einer Organisation – und der Menschen, die eine Organisation erreichen möchte! Klar sehen bedeutet sowohl beim Führen wie auch bei der Achtsamkeit, dass wir Schwierigkeiten, Konflikten und Schmerzhaftem nicht aus dem Weg gehen, sondern sie aufgreifen, um zu besserem Verständnis und größerer Übereinstimmung zu kommen. Beim Führen geht es darum, Probleme zu lösen und andere zu ermutigen – beides Qualitäten, die durch Achtsamkeitspraxis direkt gefördert werden.

In dieser Grunddefinition der beiden Wörter »Achtsamkeit« und »Führung« ist der Ausdruck »klares Sehen« enthalten. Achtsamkeitspraxis und Führungskunst zielen darauf, unsere irrigen Annahmen, Vorurteile und Konditionierungen, die zu unnötigem Stress und Angst führen, zu durchschauen, damit wir das Potenzial verwirklichen können, das wir bereits besitzen.

Aber klares Sehen bedeutet auch noch etwas anderes. Ja, es bedeutet, Leid und Unbeständigkeit als Gegebenheiten anzuerkennen, aber es bedeutet auch, über die relativen Faktoren unserer Situation, über den Tellerrand der alltäglichen Realität hinauszuschauen. Klares Sehen bedeutet, dass Sie sich und die Welt aus einer ganzheitlichen Perspektive betrachten, in der nichts fehlt und in der alles mit allem verbunden ist. Diese Art des Sehens lässt einen den Großen Geist erleben, und das ist ein Fundament für Meditation und Achtsamkeit sowie ein Weg, um eine einflussreiche Führungspersönlichkeit zu werden.

Der Geist, der den Weg sucht

Das Übungsprinzip »Die Arbeit lieben« ist mehr als eine bloße Idee. Die Berufung dazu kann tief reichen, sie kann aber auch ganz alltäglich, subtil oder überraschend daherkommen. Ohne es zu merken, könnten Sie erleben, wie das, was Sie vorher für wichtig gehalten haben, wegfällt, und ganz neue Prioritäten entdecken.

»Die Arbeit lieben« ist eine Praxis im großartigsten Sinne, ist Hingabe an eine Lebensaufgabe, eine Lebenshaltung für diese Welt. Wie bei einem Musiker, der Musik macht um der Musik willen, ob er es nun in die Carnegie Hall schafft oder nicht, ist »Die Arbeit lieben« an sich schon befriedigend und braucht keine weiteren Begründungen, Belohnungen oder Rechtfertigungen.

Was macht Sie lebendig? Was lockt Sie, bewusster zu leben, anderen zu helfen, die Welt besser zu machen? Was hat Sie zur Achtsamkeit geführt, zu diesem Buch, zu dieser Arbeit?

Im Zen gibt es die Formulierung vom »Geist, der den Weg sucht«. Damit ist die Reflexion darüber gemeint, welche Ereignisse, Gedanken und Gefühle bei einem Menschen den Übergang zu einer lebensbejahenden Haltung der Achtsamkeit markieren – wie sie ein Mensch hat, der »die Arbeit liebt« (um den Begriff in diesem Buch zu gebrauchen). Mit einem Geist, der den Weg sucht, streben wir danach, mehr Offenheit und Verständnis zu kultivieren; einen Weg zu gehen, auf dem das Bewusstsein sich weitet, um Tiefe und Heiligkeit zu erleben. Tiefe und Heiligkeit sind schon da, und der Weg zu einem achtsameren Leben liegt einfach in unserem Schwur, in unserer Entschlossenheit, dafür wach zu werden. Wie Walker Evans sagte: Wir geloben, »hinzuschauen, zu lauschen, zuzuhören. Als Wissender zu sterben.«

Ich werde oft gefragt, was mich zur Achtsamkeitspraxis geführt hat. Wann habe ich angefangen, die Arbeit zu lieben? Was hat mich dazu gebracht, mit der Achtsamkeitspraxis anzufangen, als ich Anfang zwanzig war? Ich habe viele Antworten, aber die treffendste ist vielleicht, dass ich es nicht weiß. Wie kommt es, dass ein junger Mann, der in einer kleinstädtischen Arbeiterfamilie in New Jersey aufgewachsen ist, plötzlich nach Kalifornien zieht und zehn Jahre im San Francisco Zen Center lebt? Ich kann es nicht genau sagen, aber ich kann auf ein paar Schlüsselerlebnisse und Wendepunkte hinweisen.

Einer davon war die Lektüre des Buches *Psychologie des Seins* von Abraham Maslow. Ich war Studienanfänger an der Rutgers-Universität in New Jersey, war ein bisschen depressiv – meine erste romantische Liebesbeziehung war gerade zu Ende gegangen – und das Buch Maslows war Pflichtlektüre im Psychologiekurs. Was Maslow über »Selbstverwirklichung« schrieb, berührte mich tief. Ich konnte nicht anders, als meinen eigenen Schmerz zu spüren – wie unentwickelt und bedürftig ich mich fühlte –, aber auch mein unverwirklichtes Potenzial. Maslow half mir, zu sehen, wozu ich fähig war, und ich begann mich zu fragen: Warum machen nicht alle diese Art von Arbeit? Das war einer dieser Momente, in denen ich mich dazu berufen fühlte und die Arbeit zu lieben begann.

Was sind die Schlüsselerlebnisse oder Wendepunkte, die Sie dahin geführt haben, wo Sie jetzt stehen? Wann haben Sie angefangen, die Arbeit zu lieben?

VERSUCHEN SIE FOLGENDES: Schreiben Sie in einem Tagebuch die Geschichte auf, wie Ihr »Geist den Weg suchte«. Beschreiben Sie, was Sie anzog, dass Sie ein Führender sein wollten, ein anderer Mensch sein wollten, dass Sie mit mehr Bewusstheit, Tiefe und Heiligkeit leben wollten. Vielleicht war es ein schmerzvoller Moment oder ein inspirierendes Erlebnis. Beschreiben Sie, was passierte, was Sie fühlten, was Sie über sich und Ihr Leben lernten und welche Richtung Sie nun für sich sehen. Erkunden Sie Ihren Frust und Ihr Potenzial.

Die Arbeit lieben

Zentrale Übungen

- Fragen Sie sich: Was macht mich lebendig, und was macht mich *wirklich* lebendig?
- Erkunden Sie Ihre Werte (was Sie lieben), indem Sie Menschen nennen, die Sie bewundern, und die Werte, für die diese Menschen stehen.
- Üben Sie die vier Arten der Liebe: liebevolle Güte, Mitgefühl, Freude und Gleichmut.
- Um Achtsamkeit zu kultivieren und klarer zu sehen: Praktizieren Sie Meditation.
- Lernen Sie die »drei Affen« in sich kennen, die für Ihre Ängste, Ihre Unzufriedenheit und Ihr Bedürfnis nach Zusammengehörigkeit stehen.
- Erkennen und akzeptieren Sie die Lage und identifizieren Sie die kreativen Spannungen. Wo liegen Ihre?
- Erzählen Sie Ihrem Tagebuch oder einem Freund die Geschichte, wie Sie »den Weg gesucht« haben. Was hat Sie dazu gebracht, diese Arbeit zu lieben?

PRINZIP 2

Die Arbeit tun

Der Erfolg einer Intervention hängt vom innerlichen Zustand des Intervenierenden ab.
BILL O'BRIEN

Wenn die Arbeit zu lieben eine Art Berufung ist, zu der Inspiration und Anstrengung gehören, dann ist zweite Praxis, »Die Arbeit tun«, das Handeln aus dieser Liebe heraus, das Umsetzen dieser Liebe in die Tat. Wenn die Arbeit zu lieben die unverzichtbare Startrampe zu Mindful Leadership ist, dann bedeutet die Arbeit zu tun, diese achtsame Führungsperson tatsächlich zu sein: eine regelmäßige Achtsamkeitspraxis zu haben, die eigenen Werte und Bestrebungen lebendig zu verkörpern, mit anderen geschickt umzugehen und das Kultivieren von Bewusstheit und Hilfsbereitschaft zum Lebensinhalt zu machen.

Wie werden Sie zu der achtsamen Führungsperson, die Sie anstreben? Wie in dem Carnegie-Hall-Witz: Üben, üben, üben.

Das ist vereinfacht gesagt die ganze Bedeutung von »Die Arbeit tun«. Es erinnert Sie daran, tatsächlich regelmäßig zu praktizieren und Achtsamkeit ins alltägliche Leben zu integrieren – in Ihre Führungsrolle, Ihre Arbeit, Ihre Familie, Ihre Beziehungen und Ihre alltäglichen Aktivitäten.

Als Übungspraxis bedeutet »Die Arbeit tun«, dass Sie alles, was Sie tun, als Gelegenheit zum Lernen und Wachsen angehen, als Gelegenheit, klarer zu sehen – zu praktizieren eben.

Zwei Arten der Praxis: Dezidiert und integriert

Wenn es darum geht, die Arbeit zu tun, so unterscheide ich gerne zwei Hauptkategorien von Achtsamkeitspraxis: dezidiert und integriert. Das ist eine etwas künstliche Unterscheidung: Aus der Perspektive des Großen Geistes gesehen ist alles, was wir tun, Praxis. In alltäglichen Begriffen jedoch kann die Unterscheidung sinnvoll sein. Beide Arten der Praxis sind wichtig und unterstützen sich gegenseitig.

Um eine Metapher aus dem Sport zu verwenden: Dezidierte Praxis ist buchstäbliches Üben, Zeit, die außerhalb des eigentlichen Spiels dem Lernen gewidmet wird, um Abläufe besser zu verstehen und zu beherrschen. Wenn Sie ein Baseballspieler sind, heißt das, dass Sie im Schlagkäfig stehen und Hunderte Bälle schlagen, Ihren Schwung verlangsamen, um ihn zu analysieren und anzupassen, und mit Varianten experimentieren, wie Sie verschiedene Flugkurven des Balles parieren können. Integrierte Praxis ist das Spiel selbst: Sie wenden Ihre Fähigkeiten direkt im Moment an, in der Hitze des Gefechts, wenn es darauf ankommt, den Ball gut zu treffen.

Der Vergleich hinkt insofern, da bei der Achtsamkeit dezidierte und integrierte Praxis oft ein und dasselbe sind. Das »Spiel« ist das Leben und jeder Moment zählt. Und wir üben ohne Grund, einfach nur, um unsere Lebendigkeit zu erleben, und ohne den Versuch, besser zu werden oder Gewinn daraus zu ziehen.

So leitete ich zum Beispiel vor ein paar Jahren zusammen mit einem Google-Mitarbeiter, den ich zum Search-Inside-Yourself-Lehrer ausgebildet hatte, ein eintägiges Search-Inside-Yourself-Programm für das medizinische Personal bei Google. Nachdem mein Kollege die Themen

Achtsamkeit und emotionale Intelligenz vorgestellt hatte, beschrieb er den Prozess der Meditation folgendermaßen: Man lege die Aufmerksamkeit auf den Atem, registriere Ablenkungen und bringe die Aufmerksamkeit zurück zum Atem. Dann benutzte er die Metapher, Meditation sei »wie ins Fitnessstudio zu gehen«. Jedes Mal, wenn man seine Aufmerksamkeit zum Atem zurückbringe, verbessere man seine Konzentrationsfähigkeit; so, als würde man durch diesen wiederholten Prozess einen Muskel kräftigen.

Ich dankte meinem Lehrerkollegen und sagte, dass ich mit seiner Metapher schon einverstanden sei, aber trotzdem sei Meditation überhaupt nicht dasselbe »wie ins Fitnessstudio zu gehen«. Mein Kollege war ein wenig überrascht. Er lächelte, schaute mich an und sagte in munterem Ton zu den Teilnehmenden: »Jetzt seht ihr, warum wir zwei Lehrer haben!« Glücklicherweise hatten wir ein wirklich gutes, vertrauensvolles Verhältnis, da ich das ganze Jahr zuvor sein Mentor gewesen war, und mein Widerspruch machte ihm nichts aus.

Ich erklärte, dass die Metapher mit dem Fitnessstudio bedeute, dass man meditiere, um bestimmte Ergebnisse zu erreichen, und dass man schrittweise Verbesserungen erwarte. Das kann sinnvoll und ermutigend sein, es kann aber auch ein Hindernis für die echte Kraft und Wirkung der Meditation sein.

Ein anderer Ansatz ist, sich von allen Argumenten und Begründungen für die Meditation vollständig zu lösen und jede Idee oder Hoffnung auf Verbesserung oder irgendeinen Nutzen aufzugeben. Stattdessen schauen Sie, wenn Sie meditieren, wie es ist, einfach still, ruhig und lebendig zu sein, einfach Ihr Erleben wahrzunehmen, sich selbst zu sehen und zu akzeptieren, wie Sie wirklich sind. Das ist der Ansatz der dezidierten Praxis, in der die Meditation mehr eine Art heiliges Ritual ist, ein Akt des Vertrauens, bei dem Sie an sich glauben und sich selbst zum Ausdruck bringen, außerhalb des Ego und jeder Erwartung.

Hören Sie, was Dogen, im 13. Jahrhundert Begründer des Zen in Japan, über Meditation zu sagen hat:

> Die sitzende Übung, von der ich spreche, ist keine Meditation, die zu lernen ist. Sie ist schlicht das Tor zu Gelassenheit und Wonne, die übende Verwirklichung des Gipfels der Erleuchtung. Sie ist die Manifestation letztendlicher Wirklichkeit. Fallen und Fußangeln können sie nicht greifen. Hast du ihr Herz einmal erfasst, bist du wie ein Drache, der ins Wasser taucht, wie ein Tiger, der durch die Berge streift.
>
> Du solltest deshalb eine Übung, die auf intellektuellem Verstehen beruht, die Worten nachjagt und Reden folgt, aufgeben und den Schritt zurück lernen, der dein Licht nach innen richtet.

Ich liebe Dogens poetische Beschreibung der Meditation und seine tiefe Gewissheit, die aus der Tiefe der eigenen Erfahrung kommt. Er sagt, dass es in der Meditation nichts zu gewinnen oder zu erreichen gibt; der bloße Akt des Innehaltens, Atmens und Loslassens von allem lässt all unsere Vorstellungen davon, was Praxis ist und was Erkenntnis oder Selbstverwirklichung sind, zerbrechen und überschreitet sie. In der Zen-Tradition führt der »Schritt zurück« zu einer tiefen Ahnung davon, was Loslassen ist, und ist das Gegenteil des Versuchs, etwas zu gewinnen. Dies ist eine berühmte Anleitung zur Meditation, denn sie ist »schlicht das Tor zu Gelassenheit und Wonne«. Natürlich ist das vielleicht nicht Ihre (und auch nicht meine) alltägliche Erfahrung in der Meditation. Aber warum nicht? Was steht im Weg? Ich glaube, dass Dogens Worte als richtungweisende und praktische Orientierung zu verstehen sind; sie verändern unsere Auffassungen in Bezug auf die Meditation und das Leben.

Dogen benutzt bildkräftige Metaphern, die fast körperlich ausdrücken, wozu Achtsamkeit führt: Wir werden »wie ein Drache, der ins Wasser taucht, wie ein Tiger, der durch die Berge streift«. Und genauso möchte ich sein beim achtsamen Führen, beim Unterrichten, was achtsames Führen ist, und genauso möchte ich mein Leben leben – ganz in meinem Element sein, mit einem Gefühl unglaublich geerdeten

Selbstvertrauens und bedingungsloser Zugehörigkeit, fähig, voll und ganz präsent zu sein und allem zu begegnen, was auf mich zukommt.

Dezidierte Achtsamkeitspraxis

Mit diesen Unterscheidungen im Hinterkopf sollten wir uns trotzdem im Klaren sein, wie wichtig es ist, eine dezidierte Achtsamkeitspraxis zu entwickeln und aufrechtzuerhalten, um Achtsamkeit kultivieren und eine achtsame Führungsperson werden zu können. Das bedeutet, dass wir täglich Achtsamkeit üben, unabhängig von den Notwendigkeiten, Belastungen und Aktivitäten des »normalen« Alltags.
Ein paar Beispiele für dezidierte Achtsamkeitsübungen:

- Meditation
- Gehmeditation
- Tagebuch schreiben

Meditation

Als erste Übung habe ich (im vorigen Kapitel) eine einfache geführte Meditation vorgestellt, die jeder benutzen und modifizieren kann, wie er oder sie will. Natürlich gibt es viele Formen, Traditionen und Spielarten der Meditation; keine ist falsch. Aber insbesondere für Menschen, für die Meditation Neuland ist, empfehle ich einen möglichst einfachen Zugang. Nehmen Sie sich einfach Zeit, jeden Tag einmal innezuhalten und zu sitzen, und wenn es nur für ein paar Minuten ist.

Wenn ich gefragt werde, was Meditation ist und welche verschiedenen Ansätze es dabei gibt, erzähle ich manchmal die Geschichte von den drei

Maurern. In dieser Geschichte arbeiten drei Maurer miteinander und alle drei scheinen dasselbe zu tun: aus Backsteinen Mauern errichten. Nun wird der erste Maurer gefragt, was er tue, und er antwortet genau das: aus Backsteinen Mauern errichten. Als der zweite gefragt wird, sagt er, er ernähre seine Familie damit. Und der dritte sagt, er kommuniziere mit Gott, denn aus den Backsteinen soll eine Kirche werden.

Genauso kann man auch die Meditation beschreiben. Es scheint ein einziger Vorgang zu sein, aber eigentlich können es mehrere sein. Meditation kann sein, dass man einfach dasitzt und Körper, Atem, Gedanken und Gefühle wahrnimmt. Einfach aufmerksam ist, mit sich selbst vertrauter und intimer wird – ungefähr dasselbe wie beim ersten Maurer.

Wie beim zweiten Maurer kann Meditation auch mit einer konkreten Absicht oder einem konkreten Ziel verbunden sein: um Stress abzubauen, um Konzentration und Klarheit zu erreichen oder als Basis für die Verbesserung der emotionalen Intelligenz. Wie mein Lehrerkollege sagte: Die Aufmerksamkeit immer wieder zum Atem zurückzulenken, ist wie das Trainieren der Muskeln im Fitnessstudio; man trainiert den Geist, um fokussierter sein zu können. Und um den Geist flexibler zu machen, können wir auch mit einer Art offener Bewusstheit praktizieren, bei der wir uns auf gar kein Objekt fokussieren.

Und schließlich kann die Meditation wie beim dritten Maurer eine Art heilige Handlung sein. Wie Dogen es beschreibt: Wir gehen einen Schritt zurück, nehmen eine Haltung von »Gelassenheit und Wonne« ein und versuchen überhaupt nicht, eine Aktivität namens »Meditation« auszuführen. Man könnte natürlich sagen, dass dadurch ein Sinn erzeugt wird, und so ist es auch, aber darüber hinaus lädt dieser Ansatz zu einer Erfahrung außerhalb unseres üblichen Horizonts ein – oder wie Dogen an anderer Stelle sagt: »Lass Körper und Geist fallen und dein ursprüngliches Gesicht wird sich zeigen.« So verstanden, wird Meditation zum Ausdruck unseres gesunden und heilen »ursprünglichen« Selbst.

All das ist die Meditation.

HÄUFIG GESTELLTE FRAGEN

Hier sind ein paar Antworten auf die Fragen, die mir am häufigsten gestellt werden:

Wie oft sollte ich meditieren?
Optimal ist eine tägliche Praxis. Aber ein paarmal oder einmal pro Woche ist besser als gar nichts.

Wie lange sollte eine Meditationssitzung sein?
Ich sitze gerne zwanzig bis dreißig Minuten. Gelegentlich mache ich auch längere Sitzungen. Alles, was für Sie machbar ist, ist gut. Ich kenne viele Leute, die jeden Tag ein paar Minuten sitzen. Regelmäßigkeit ist viel wichtiger als die Länge der einzelnen Sitzungen. Ab und zu auf ein Retreat zu gehen, einen halben oder ganzen Tag oder mehrere Tage lang, mit einer Gruppe von Leuten, kann auch toll sein, um die Praxis zu vertiefen.

Ich laufe und schwimme gern oder gehe spazieren. Ist das das Gleiche wie Meditation?
Körperliche Bewegung ist ganz wesentlich für Gesundheit und Wohlbefinden und kann dieselben positiven Wirkungen haben wie die Meditation. Einfach zu sitzen, ohne die Aktivität oder Stimulation sportlicher Bewegung, hat jedoch etwas ganz Eigenes.

Gehmeditation

Ich sehe die Gehmeditation nicht als Ersatz für die Meditation im Sitzen, sondern als wichtige Ergänzung. Wie das achtsame Zuhören bietet sie die Möglichkeit, Meditation in eine Bewegung einzubringen.

Gewöhnlich lehre ich drei Arten der Gehmeditation. Die erste ist die langsamste und formellste, die manchmal in Zen-Zentren zwischen den Meditationsperioden im Sitzen gemacht wird. Zu Beginn stehen Sie aufrecht, in voller Aufmerksamkeit für Geist und Körper. Dann, während Sie ausatmen, machen Sie einen halben Schritt. Seien Sie sich dabei bewusst, wie Sie einen Fuß vom Boden lösen, hochheben und dann wieder aufsetzen. Bringen Sie Bewusstheit in den Körper, während Sie den Schritt abschließen. Sobald Ihr Fuß auf dem Boden ist, atmen Sie ein und verlagern Ihr Gewicht sanft nach vorne. Mit dem nächsten Ausatem machen Sie wieder einen halben Schritt und wiederholen den Vorgang. Diese Übung synchronisiert das Gehen mit dem Atmen. Machen Sie das als Element Ihrer Übungsroutine jeden Tag fünf bis zehn Minuten lang (oder wann immer es möglich ist).

Wie bei der Meditation im Sitzen kann man sich dabei auf Atem und Körper konzentrieren. Sie können Ihr Gewahrsein aber auch für Ihre Sinneswahrnehmungen öffnen und dabei auch alles einbeziehen, was Sie in Ihrer Umgebung wahrnehmen, alle Geräusche, alles, was Sie spüren. Wenn Gedanken aufkommen, nehmen Sie dies wahr und lenken die Aufmerksamkeit wieder auf Körper und Atem beim Schreiten.

Der zweite Stil der Gehmeditation ist etwas weniger formell. Bei diesem Typ gehen Sie langsam und achtsam zu einer vorher festgelegten Stelle etwa acht bis zehn Meter entfernt. Wenn Sie sie erreicht haben, kehren Sie um und gehen zurück.

Die dritte Art der Gehmeditation nenne ich gern »heimliche Meditation«. Dabei meditieren Sie, wenn Sie im Laufe des Tages ganz normal irgendwohin gehen. Vielleicht gehen Sie auf die Toilette oder kommen von da, gehen zum Auto oder zu einem Meeting oder sind in der Natur unterwegs. Simples, schlichtes Gehen. Aber Sie wissen, dass Sie Gehmeditation machen – Sie sind konzentrierter, präsenter, bewusster.

Erforschen Sie diese drei Varianten und experimentieren Sie damit.

Tagebuch schreiben

Tagebuch zu schreiben, kann Erlebnisse und Wirkungen wie die der Meditation haben: Während Sie still dasitzen und auf Körper, Geist, Atem und Gefühle achten, schreiben Sie. Viele Studien haben gezeigt, wie effektiv das Tagebuchschreiben die Selbstwahrnehmung, die Stressreduktion und das Wohlbefinden fördert. Meine Empfehlung ist, das Tagebuchschreiben so wie das Meditieren regelmäßig zu machen. Versuchen Sie es ein paar Minuten oder mehr pro Tag.

Es gibt viele Arten, Tagebuch zu schreiben. Meistens lehre ich das freie Schreiben, das eine Art Spiegelbild der Meditation im Sitzen ist. Geben Sie sich ein Stichwort und fangen dann an zu schreiben, ohne zu planen oder zu korrigieren, ganz ähnlich wie der Bewusstseinsstrom, den Sie beim Meditieren im Sitzen erleben.

VERSUCHEN SIE FOLGENDES: Nehmen Sie Stift und Papier oder gehen Sie an den Computer. Nehmen Sie eines der unten aufgeführten Stichworte, fangen Sie dann an zu schreiben, schreiben Sie immer weiter, ohne zu korrigieren oder zu viel nachzudenken, zwei Minuten lang. Stellen Sie sich einen Kurzzeitwecker oder stellen Sie eine Uhr in Sichtweite. Schreiben Sie auf, was das Stichwort in Ihnen wachruft. Schauen Sie einfach, was zum Vorschein kommt. Niemand anderes wird es je lesen. Aber Sie sind vielleicht überrascht! Die einzige Regel ist: Der Stift oder die Tasten müssen in Bewegung bleiben. Wenn Ihnen nichts einfällt, schreiben Sie: »Mir fällt nichts ein …«, bis etwas Neues auftaucht.

Hier sind ein paar Stichwörter zur Auswahl. Lassen Sie sich davon zu eigenen Stichwörtern anregen.

- Ich habe Schwierigkeiten mit …
- Mich ärgert wahnsinnig, dass …
- Ich werde lebendig durch …
- Liebe ist …
- Gerade jetzt fühle ich …
- Was mich zurzeit an meinem Leben überrascht, ist …

Integrierte Praxis: Die angemessene Antwort

In der Zen-Tradition gibt es einen Dialog, in dem ein Schüler den Lehrer fragt: »Was ist die Lehre aus einem ganzen Leben?« Der Lehrer antwortet: »Die angemessene Antwort.«

Wie einfach. Wie elegant. Die Lehre eines ganzen Lebens zeigt sich in der Art, wie man reagiert. Integrierte Praxis besteht darin, wie wir die Achtsamkeitspraxis in das tägliche Leben tragen, und das wird dadurch bestimmt, wie wir in jedem gegebenen Moment reagieren.

Wie reagieren Sie auf die Ereignisse, Überraschungen, Gelegenheiten und Probleme in Ihrem Leben? Effizient, klug, gekonnt, impulsiv, behutsam, unbeherrscht? Der zitierte Zen-Dialog sagt im Grunde: Die wichtigste Lehre für das Leben ist, auf jede einzelne Situation in der angemessensten Art und Weise zu reagieren. Aber in unserem hektischen Leben mit seinen alltäglichen Problemen ist das schwierig, und was heißt überhaupt »angemessen«? Ein Maßstab dafür ist die Frage: Welche Reaktion wird für alle Beteiligten wohl die besten Ergebnisse erbringen?

Eine angemessene Reaktion würde jeder Situation auf die »beste« Art und Weise begegnen, eine Art und Weise, die möglichst authentisch, lebendig, geschickt, effektiv, klug, mutig und mitfühlend ist. So gut wie möglich stünde sie im Einklang mit unseren Werten und tiefsten Absichten, also ist sie vielleicht die am tiefsten empfundene, die verletzlichste, die offenste, die transparenteste Reaktion. Die angemessene Reaktion kann Zorn sein oder Neugier. Es kann die am sorgfältigsten abgewogene oder aber die spontanste Reaktion sein. Es könnte die von Herzen kommende Entschuldigung für einen Fehler sein, für ein nicht gerade vorbildliches Verhalten oder für den Schmerz, den man unabsichtlich jemandem zugefügt hat. Es könnte heißen, dass man einen Erfolg feiert. Es könnte heißen, dass man alles hintanstellt, um die Freude, am Leben zu sein, zu zeigen und zu feiern.

Oder, um es anders zu sagen: Eine Möglichkeit, festzustellen, ob Sie die Arbeit tun, ist, wenn Sie merken, dass Sie angemessener reagieren. Das heißt nicht nur, Meditation als dezidierte Praxis zu üben, sondern auch, Achtsamkeit in Ihre alltägliche Lebensweise zu integrieren – indem Sie bei Ihrer Arbeit und in Ihren Beziehungen Bewusstheit, Lebendigkeit, Neugier, Geistesgegenwart und Integrität pflegen. So verstanden ist »Die Arbeit tun« neben den konkreten Dingen, die Sie tun, auch eine Weltanschauung, eine Lebenshaltung, eine Intention. Wenn dezidierte Praxis für die regelmäßigen Aktivitäten steht, die Sie machen, um bewusster zu leben, dann steht integrierte Praxis für Ihre Intention und Bemühung, zu jeder Zeit achtsam zu sein – oder so oft es eben geht.

Die eigentliche Frage ist: Warum reagieren wir nicht die ganze Zeit angemessen? Was hält uns davon ab, achtsam zu sein? Hier sind vier weitverbreitete Stolpersteine:

Uns fehlt ein Bewusstsein für andere oder für die Situation.
Wir sind überkritisch, auch uns selbst gegenüber.
Wir bekommen Angst und reagieren, ohne nachzudenken.
Wir haben Angst vor Veränderung.

Im Rest dieses Kapitels erkunde ich, wie man mit diesen Hindernissen arbeiten kann, indem man vier grundlegende Reaktionsweisen anwendet.

Es sind Beispiele dafür, »die Arbeit zu tun«, und sie werden in diesem Buch noch weiter erforscht. Es handelt sich dabei darum:

Offen zuhören
Selbstmitgefühl den Vorrang geben
Emotionale Wahrnehmung kultivieren
Übereinstimmung suchen

Kultivieren Sie Bewusstheit, indem Sie offen zuhören

Wie Sie sich in einer Situation verhalten und wie Sie reagieren, hängt davon ab, wie gut Sie zuhören! Anderen zuzuhören, ist für Führende besonders wichtig, denn Konsens und ein Gefühl für das gemeinsame Ziel herzustellen, ist absolut unverzichtbar. Und das bedeutet: Vertrauen zu kultivieren durch ein Bewusstsein für die Bedürfnisse, Wünsche und Stärken jeder einzelnen Person. Die Rolle einer oder eines Führenden ist es auch, das große Ganze zu sehen, den größeren Zusammenhang, aber alleine können wir das nicht – aufgrund unserer begrenzten Perspektive. Echtes Zuhören heißt, jede Rechthaberei aufzugeben, was eine paradoxe Mischung aus Demut und Selbstvertrauen erfordert.

Folgende vier Ebenen des Zuhörens beschreibt Otto Scharmer, Professor am Massachusetts Institute of Technology (MIT) und mit Katrin Käufer Autor des Buches *Von der Zukunft her führen – Von der Egosystem- zur Ökosystem-Wirtschaft*:*

- **ABGELENKTES ZUHÖREN** – eine sehr weitverbreitete Form des Zuhörens. Statt wirklich zuzuhören, denken wir darüber nach, was wir sagen wollen oder wie die Worte unseres Gegenübers uns treffen.

* C. Otto Scharmer und Katrin Käufer, *Von der Zukunft her führen. Von der Egosystem- zur Ökosystem-Wirtschaft*, Carl-Auer Verlag: Heidelberg 2014.

- **SACHLICHES ZUHÖREN** – wir achten auf den Inhalt des Gesagten.
- **EMPATHISCHES ZUHÖREN** – wir hören auf Gefühle. Wir achten nicht nur auf Inhalte, sondern auch auf die Gefühle, die ausgedrückt werden.
- **SCHÖPFERISCHES ZUHÖREN** – mit Neugier und Offenheit zuhören. Ein Zuhören, das hinter den Wörtern und zwischen den Zeilen (und Gefühlen) auf Signale achtet, die erkennen lassen, worauf die sprechende Person hinauswill, was sie impliziert. Diese Form des Zuhörens zeigt sich manchmal als Gefühl, Bild oder Intuition. Sie ist ein Weg, jemandem zu einem klareren Blick zu verhelfen; ist aber keine Beratung, kein Problemlösen.

Zuhören ist wahrscheinlich die am deutlichsten unterschätzte Tätigkeit und Kompetenz, nicht nur für Führungskräfte, sondern für uns alle. Es steht im Mittelpunkt all unserer Beziehungen und doch wird ihm in der Regel überraschend wenig Aufmerksamkeit gewidmet. In vielen Seminaren, die ich geleitet habe, habe ich erlebt, wie verblüfft die Menschen waren, wenn sie die Kraft des Zuhörens erlebten – egal, aus welcher Branche sie kamen, welche Position, welchen kulturellen Hintergrund sie hatten. Und sie sind verblüfft, wenn sie entdecken, wie selten sie selbst wirklich zuhören – zuhören, ohne zu unterbrechen, ohne die »richtige« Entgegnung (oder irgendeine Entgegnung) zu planen; einfach in voller Präsenz, ohne irgendeine Agenda. Einem anderen Menschen zuzuhören, kann uns aus der engen, egozentrischen Welt, die wir oft unbewusst erzeugen, herausführen und für das Erleben eines anderen öffnen. Dadurch kann sich auch verändern, wie wir uns selbst erleben, und das kann die Verbindung zu einem anderen Menschen fördern, was wiederum das Bedürfnis und die Sehnsucht des empathischen Affen nach Vertrauen und Offenheit befriedigt.

VERSUCHEN SIE FOLGENDES: Experimentieren Sie mit diesen vier Arten des Zuhörens:

- Nehmen Sie wahr, wann Sie nicht zuhören und wann Sie auf Inhalte hören.
- Experimentieren Sie mit empathischem Zuhören. Wie bekommen Sie mit, was jemand anderes fühlt? Mit einer engen Freundin, einem engen Freund oder Ihrem Partner bzw. Ihrer Partnerin könnten Sie auch ausprobieren, nach den Gefühlen des anderen zu fragen.
- Üben Sie das schöpferische Zuhören. Trainer*innen, Berater*innen und Mediziner*innen tun das regelmäßig. Öffnen Sie sich und hören Sie zwischen die Zeilen, indem Sie Ihre Intuition gebrauchen. Nachdem Sie ein Gefühl, Bild oder eine Eingebung zum Ausdruck gebracht haben, schauen Sie, welchen Widerhall das bei Ihrem Gegenüber findet.

Selbstmitgefühl den Vorrang geben, um Wertungen zu vermeiden

Ich leitete einmal für eine Gruppe von achtzig Teilnehmerinnen und Teilnehmern, Führungskräfte und Managern aus der ganzen Welt, ein zweitägiges Programm über Achtsamkeit und emotionale Intelligenz. Am Ende des Seminars sprach mich der Geschäftsführer eines boomenden Start-up-Unternehmens an, um mir mitzuteilen, wie wichtig und nützlich das Programm für ihn gewesen sei. Dann fügte er hinzu: »Die Achtsamkeitspraxis hat mir ein bisschen geholfen, weniger kritisch und abwertend mir selbst gegenüber zu sein. Wenn das für die meisten Menschen hier im Raum das einzige Ergebnis gewesen wäre, wäre das Seminar ein Riesenerfolg gewesen.«

Viele Menschen, vor allem Führungskräfte, glauben, sie müssten sich selbst gegenüber kritisch und unerbittlich sein, um motiviert und erfolgreich sein zu können. Angesichts eines Problems oder eines Misserfolgs haben wir oft das Gefühl, die beste Reaktion sei, uns selbst zu verurteilen und zu strafen. Ich habe jedoch festgestellt, dass das Gegenteil oft wirksamer und erfolgreicher ist. Das ist der Moment, wo der empathische Affe ins Spiel kommt. Wenn uns bei Gefahr der nervöse Affe alarmiert und der fantasiebegabte Affe uns hilft, sie einzuschätzen, dann kann uns der empathische Affe zu dem führen, was letztlich immer unsere beste Antwort ist: Mitgefühl, egal ob uns selbst oder anderen gegenüber.

Warum sind Mitgefühl, Akzeptieren und Nicht-Werten so schwierig? Ich glaube, es gibt viele verschiedene Gründe. Manche sind subtil, andere sind einfach schlechte Gewohnheiten. Kristin Neff gehört beim Thema Selbstmitgefühl zu den führenden Wissenschaftlerinnen der Welt. Hier sind einige der weitverbreitetsten Schwierigkeiten oder Ängste, auf die sie bei ihrer Forschung gestoßen ist:

- **ANGST VOR PASSIVITÄT:** Das ist die irrige Auffassung, sich selbst zu akzeptieren und sich selbst gegenüber freundlich zu sein, sei eine Art Vermeidungsverhalten, führe zu größerer Passivität und nehme so unserem Ehrgeiz und dem Hunger nach Weiterentwicklung den »Biss«. Ich habe schon Menschen sagen hören, wenn sie nicht streng und kritisch seien, wären sie nicht so produktiv. Ich schlage manchmal meinen Klientinnen und Klienten aus den Chefetagen vor, sie sollten diese These einmal eine Woche lang testen, mit ein bisschen Freundlichkeit sich selbst gegenüber experimentieren und dann prüfen, ob ihre Produktivität beeinträchtigt gewesen sei. (Fast immer stellen sie eine Zunahme an Produktivität und gleichzeitig weniger Stress fest.)
- **ETHISCHE APATHIE:** Manchmal haben wir Angst, dass uns ethische Fragen, Fragen nach »richtig« und »falsch« und deren Konsequenzen, weniger wichtig werden könnten.
- **NICHT ZUR WEITERENTWICKLUNG MOTIVIERT:** Wir denken, wenn wir uns akzeptieren, sind wir weniger motiviert und weniger fähig, wichtige Veränderungen vorzunehmen.
- **WENIGER ANSTRENGUNG:** Dies ist die irrige Idee, wir würden uns weniger anstrengen, Veränderungen einzuleiten oder Ziele zu erreichen, wenn wir uns akzeptieren.

Die Forschung zeigt aber ganz im Gegenteil, dass in all diesen Bereichen eine akzeptierende Haltung tatsächlich konstruktiv ist! Eine Reihe von Studien, durchgeführt von Juliana Breines und Serena Chen, hat evaluiert, wie die Studienteilnehmenden mit Rückschlägen, Fehlern und eigenen Schwächen umgingen. Die Teilnehmerinnen und Teilnehmer wurden in drei Gruppen eingeteilt: 1. eine Kontrollgruppe, die keine Intervention bekam, 2. eine »Selbstwert-Gruppe«, die gebeten wurde, über ihre positiven Seiten Tagebuch zu führen, und 3. eine »Selbstmitgefühls-Gruppe«, die aufgefordert wurde, über sich selbst und die eigenen Problembereiche aus einer Perspektive des Verständnisses, der Akzeptanz und des Selbstmitgefühls heraus Tagebuch zu führen.

Die Forscherinnen konnten vier unterschiedliche Ergebnisse messen: 1. Entwicklungsorientierte Einstellung (Glaube an die Möglichkeit von Veränderungen), 2. Motivation, nach unethischem Verhalten Wiedergutmachung zu leisten, 3. Motivation, an eigenen Schwächen zu arbeiten, und 4. Anstrengungen, um besser zu werden; in diesem Fall zeigten Studierende, die bei einem Test schwach abgeschnitten hatten, größeren zeitlichen Einsatz beim Lernen.

Verglichen mit der Kontrollgruppe und der Selbstwert-Gruppe punktete die Selbstmitgefühls-Gruppe in allen Bereichen höher. Die Resultate zeigten, dass die Probandinnen und Probanden in der Selbstmitgefühls-Gruppe 1. mit größerer Wahrscheinlichkeit eine entwicklungsorientierte Einstellung hatten, 2. nach unethischem Verhalten eher Wiedergutmachung leisten wollten, 3. motivierter waren, besser zu werden, 4. und auch mehr Mühe darauf verwendeten.

Was kann man aus dieser Studie mitnehmen? Selbstmitgefühl ist eine effektivere Strategie, Herausforderungen zu begegnen, als nichts zu tun (ja klar), *und* es ist effektiver als der Versuch, das eigene Selbstwertgefühl zu steigern (ebenfalls eine weitverbreitete Strategie), indem man die Schwierigkeiten übergeht und ein positives Selbstbild in den Vordergrund stellt.

Hier ist das Fazit der Autorinnen: »Selbstmitgefühl kann die Motivation, besser zu werden, vergrößern, weil es Menschen ermutigt, sich ihren Fehlern und Schwächen zu stellen, ohne sich zu verdammen oder andererseits in defensive Selbstüberhöhung zu verfallen.«

Die Fähigkeit, sich Schwierigkeiten zu stellen, »ohne sich zu verdammen oder andererseits in defensive Selbstüberhöhung zu verfallen«, ermöglicht auch ein nachhaltiges Selbstvertrauen – wie die Studie zeigte, neigten die Probandinnen und Probanden der Selbstmitgefühls-Gruppe zu größerem Vertrauen in die eigene Fähigkeit, zu wachsen und hatten mehr Interesse, Zeit mit Menschen zu verbringen, die sie bewunderten.

VERSUCHEN SIE FOLGENDES: Nehmen Sie sich sechs Minuten Zeit, um sich einen Brief zu schreiben, und zwar aus der Perspektive von jemandem, der Sie gut kennt, Sie versteht und das Beste für Sie will. Was würde er oder sie über die Schwierigkeiten und die Chancen sagen, vor denen Sie stehen?

Emotionale Bewusstheit kultivieren, um Impulsivität zu vermeiden

Wie ich in Prinzip 1 beschrieben habe, haben sich Menschen evolutionär nicht dahin entwickelt, dass sie klug oder angemessen reagieren; wir haben uns evolutionär dahin entwickelt, dass wir Gefahren vermeiden, um zu überleben und unsere Gene weitergeben zu können. Der nervöse Affe hält ständig nach Gefahren Ausschau, inneren wie äußeren, und hat drei primäre Reaktionsweisen auf jede potenzielle Bedrohung entwickelt: Kampf, Flucht oder Totstellen. Im Notfall, in jeder extremen oder lebensbedrohlichen Situation sind dies sehr effektive und angemessene Reaktionen.

Ich war zum Beispiel einmal in den Marin Headlands wandern. Beim Gehen spürte ich unter einem Fuß plötzlich etwas, was mein Körper für eine Schlange hielt. Ich spürte sofort, wie die Biochemie im Magen und im Brustkorb ansprang, und ich schoss vor Schreck förmlich in die Höhe! Im nächsten Moment sah ich, dass die Schlange in Wirklichkeit ein Stock war. Die Alarmglocken verstummten, mein Fluchtreflex ließ nach, und sehr schnell ging die Biochemie meines Körpers wieder in den Ruhezustand. Ein andermal war ich in derselben Gegend wandern, als ich sah, wie ein Berglöwe vor mir über den Weg lief und sich dann zusammenkauerte, als würde er jagen. Wieder kam der Alarm; meine Körpersysteme sprangen sofort an. Ich nahm vor allem die Jagdhaltung des Löwen wahr, denn ich dachte, er habe es auf mich abgesehen. Ich machte mich so groß wie möglich, ging langsam rückwärts und suchte mir einen anderen Weg zum Auto zurück.

In beiden Fällen war meine Reaktion angemessen! Beim ersten Vorfall war die Reaktion nicht gerechtfertigt gewesen, aber mein Körper reagierte korrekt auf die Bedrohung, die er wahrnahm: eine Schlange. Wenn ich gezögert hätte, um zu überlegen: »Moment mal, ist das wirklich eine Schlange?«, dann hätte das böse enden können. Der nervöse Affe überlebt, weil er auf alle potenziellen Gefahren überreagiert und hinterher darüber lachen kann.

Wenn wir bedroht werden, ist unser Körper auf geniale und effiziente Weise gut darin, das parasympathische Nervensystem herunterzufahren und in den Überlebensmodus zu gehen. Die Amygdala, die Alarmglocke des Gehirns, übernimmt das Steuer. Bei einer Bedrohung sind die angemessenen Reaktionen, die in unsere Biochemie eingebaut sind, Kampf, Flucht oder Totstellen – Reaktionen, die mit größter Wahrscheinlichkeit das Überleben sichern. Aber: Die meisten physischen Gefahren – und die meisten vermuteten Gefahren – sind nicht wirklich lebensbedrohlich. Wenn wir jedes Mal in die Luft springen würden, wenn wir einen Stock sehen, dann würden wir damit nicht die geschickteste, angemessenste Reaktion einüben. Und Kämpfen, Flüchten oder Totstellen hilft auch nicht, wenn wir von unserer Chefin eine gesalzene E-Mail bekommen, wenn uns jemand die Vorfahrt nimmt oder wenn wir einen wichtigen Kunden verlieren.

Mehr oder weniger helfen uns alle sieben Prinzipien, emotionale Bewusstheit zu kultivieren, weil das die Essenz der Achtsamkeit ist. Aber die schwierigste Situation für die Anwendung der Achtsamkeit ist die, wenn etwas unsere »Knöpfe drückt«, wenn wir getriggert werden, wenn wir instinktiv, ohne nachzudenken, aus Angst heraus reagieren. Solche emotionalen Trigger können subtil sein oder eher grobschlächtig – es kann eine echte Gefahr sein oder eine bloß vermutete. Wenn wir in der Stimme (oder in der E-Mail) eines anderen Aggression wahrnehmen, könnten wir uns veranlasst sehen, diesen Menschen zu meiden, zurückzugiften oder aber völlig zuzumachen. Es spielt keine große Rolle, ob die wahrgenommene Aggression real und echt ist (ein jagender Löwe) oder illusionär und unbegründet (ein harmloser Stock). Es kann sein, dass wir unsere anfängliche Reaktion nicht stoppen können, aber Achtsamkeit hilft uns, im nächsten Moment angemessen zu reagieren, bewusster. Anderenfalls dürften wir (oder werden wir sogar) alles nur schlimmer machen.

Wenn uns zum Beispiel jemand die Vorfahrt nimmt und wir spüren, wie uns der Kragen platzt, rasen wir dann dem anderen hinterher, brüllen und gestikulieren – und riskieren damit genau den Unfall, dessen Möglichkeit uns Angst gemacht hat? Zerbrechen wir den Stock, weil wir einen Moment lang dachten, er würde uns verletzen?

Emotionale Bewusstheit gewährt uns vor der impulsiven Reaktion eine Pause, in der wir die Situation und unsere Gefühle einschätzen und dann auf die effektivste Weise handeln können.

VERSUCHEN SIE FOLGENDES: Wenn Sie emotional getriggert werden, halten Sie inne. Nehmen Sie nur wahr. Seien Sie neugierig. Vorsicht mit Schuldzuweisungen und Vermutungen über die Motive eines anderen. So, wie es auch andere Übungen empfehlen: Geben Sie nicht vor, Bescheid zu wissen, sondern berühren Sie Ihre Emotionen und die Ihres Gegenübers.

Im Laufe dieses Moments fragen Sie sich: Inwiefern kommt mir diese Emotion bekannt vor? Gibt es da ein Muster, aus dem ich lernen kann? Wie reagieren Sie auf Veränderungen, auf Schwierigkeiten, auf Erfolg, auf Fehlschläge? Wie reagieren Sie, wenn Sie sich sicher sind, wenn Sie unsicher sind? Wie reagieren Sie, wenn Sie wütend sind oder einen großen Verlust erleiden? Suchen, vermeiden oder ignorieren Sie Konflikte?

Fragen Sie sich dann: Jetzt in diesem Moment und in der Zukunft, welche Reaktion dürfte für alle Beteiligten das beste Ergebnis erbringen?

Um die Angst vor Veränderungen zu vermeiden: Übereinstimmung suchen

Als ich anfing, in der Geschäftswelt Achtsamkeit und emotionale Intelligenz zu unterrichten, dachte ich, die Angestellten einer Firma würden, indem sie größere Selbstwahrnehmung und emotionale Bewusstheit entwickeln, automatisch zufriedener werden, würden mehr Spaß an der Arbeit haben und wahrscheinlich länger bei der Firma bleiben. Und für die überwiegende Zahl der Fälle stimmt das auch: Die positiven Wirkungen der Achtsamkeit können zu größerer Produktivität führen, zu besserer Führungskompetenz, mehr Wohlbefinden und Zufriedenheit im derzeitigen Job.

Allerdings ist es auch so, dass Achtsamkeit manchen Menschen einen deutlichen Mangel an Übereinstimmung zwischen ihren Werten und ihrer Arbeit bewusst macht. Sie entdecken, dass entweder die Firmenkultur an ihrem Arbeitsplatz nicht passt oder dass die Arbeit, die sie machen, nicht das ist, wofür sie am besten geeignet sind. Ich habe festgestellt, dass nach Achtsamkeitsseminaren manche Menschen in ihrer Firma in eine andere Position wechseln oder die Firma sogar verlassen, um einer Arbeit nachzugehen, die ihnen mehr bedeutet und die mehr im Einklang mit ihren Werten und Bedürfnissen steht.

Achtsamkeit ist nicht die Ursache, dass Menschen unzufrieden werden. Vielmehr hilft sie ihnen, die Lage und ihre kreativen Spannungen klarer zu sehen. Manchmal ignorieren oder leugnen wir die Lage, weil wir Angst vor Veränderungen haben, vor allem dann, wenn sie uns auf unbekanntes Territorium führen würden. Also zögern wir, schieben eine Entscheidung auf, suchen nach Argumenten, warum wir nichts ändern müssen, oder reden uns die Lage schön. Aber wenn uns einmal bewusst ist, wie wir uns wirklich fühlen, ist die angemessene Antwort: Übereinstimmung suchen, Veränderung. Eigentlich ist das sogar eine gute Strategie, um die Angemessenheit einer Reaktion einzuschätzen: Sie ist der Akt, der uns in Einklang bringt mit dem, was am wichtigsten ist.

Wenn ich mir die großen Umwälzungen in meinem Leben anschaue, dann wurden sie im Allgemeinen durch eine Veränderung oder Entwicklung in meiner eigenen Bewusstheit ausgelöst, die mich erkennen ließ, dass es zwischen dem, was mir wichtig war, und dem, was ich gerade machte, eine Kluft gab, einen Mangel an Einklang und Übereinstimmung. Während ich an der Rutgers-Universität auf meinen Abschluss hinarbeitete, wuchs mein Interesse an und meine Leidenschaft für Meditation und Achtsamkeit, und ich musste die Uni verlassen, um diesen Interessen nachgehen zu können. Nachdem ich zehn Jahre im Zen-Zentrum von San Francisco gelebt hatte, wurde es für mich immer wichtiger, in einem eher konventionellen Rahmen, außerhalb des Zen-Zentrums, die Achtsamkeitspraxis in die Arbeitspraxis zu integrieren. Auf der Suche nach mehr Einklang verließ ich das Kloster, studierte Betriebswirtschaftslehre und fing an, in der Wirtschaft zu arbeiten.

Das Leben verändert sich ständig, wir verändern uns ständig, und deshalb ist auch Einklang oder Übereinstimmung etwas, was kommt und geht. Wenn wir aufmerksam sind, dann merken wir, dass wir uns eigentlich ständig in irgendeinem Übergang befinden. Alles und jedes ist dynamisch, wandelbar, in Entwicklung. Wir müssen uns andauernd fragen: Was ist jetzt gerade am wichtigsten und stimmt das, was ich mache, damit überein?

VERSUCHEN SIE FOLGENDES: Schreiben Sie, um das Thema »Im-Einklang-Sein« etwas zu beleuchten, sieben Minuten etwas zu der folgenden Frage: In welchen Bereichen steht meine Arbeit und mein Leben im Einklang mit dem, was mir am wichtigsten ist? In welchen Bereichen bin ich nicht im Einklang? Was könnte ich tun, um zu mehr Übereinstimmung zu finden?

Die ganze Katastrophe

Es ist schwer, inmitten der ganzen Katastrophe – Arbeit, Ehe, Kindern, Eltern, alles – jeden Moment achtsam zu bleiben und intuitiv die angemessene Reaktion zu finden. Achtsam zu führen, kann bedeuten, dass wir schwierige Entscheidungen treffen oder anderen zuhören, ihre Wünsche aber auf Eis legen müssen. Es kann heißen, dass wir eine Gruppe anleiten oder einfach nur präsent sind. Als Beispiel aus dem realen Leben hier nun die Geschichte meines eigenen Weges aus einer extrem schwierigen Zeit, in der ich mich um meine Mutter kümmern und Achtsamkeit trainieren wollte.

Als meine Mutter in Boca Raton in Florida lebte, wurde bei ihr ein Gehirntumor festgestellt. Auf diese Diagnose folgte eine ganze Reihe von Ereignissen und Reaktionen. Ich lebte zu der Zeit mit meiner Frau und zwei Kindern nördlich von San Francisco. Ich war immer noch Geschäftsführer von Brush Dance und ein Großteil meiner Energie konzentrierte sich auf die Leitung dieser kleinen, aber schnell wachsenden Firma. Meine Reaktion auf die Krankheit meiner Mutter war, dass ich sie einlud, von Florida weg- und zu uns nach Kalifornien zu ziehen, damit ich mich besser um sie kümmern könnte. Das bedeutete, dass sie ihr Haus in Florida verkaufen und sich dem höchstwahrscheinlich letzten Kapitel ihres Lebens stellen musste. Meine Mutter liebte ihr Zuhause und ihr soziales Umfeld in Boca Raton, wo sie siebzehn Jahre gelebt hatte.

Aber sie war einverstanden, zu uns zu ziehen. Innerhalb weniger Wochen verkaufte oder verschenkte sie ihr Auto, ihre Möbel und fast alles, was sie besaß, und kam zu uns. Keiner von uns wusste, in welchem zeitlichen Rahmen sich diese neue Wohnsituation bewegen würde. Die Ärztinnen und Ärzte hatten uns gesagt, sie könnte noch Monate, sogar Jahre leben. Ich glaube, wir alle wussten, dass uns das auf die Probe stellen und für jeden Stress und Umstellungen mit sich bringen würde, aber es war keine Frage, dass es für meine Mutter am wichtigsten war, die ihr verbleibende Zeit mit uns zu verbringen.

Die nächsten Monate über erlebten wir viele wunderbare und schöne Momente der Vertrautheit und Verbundenheit. Meinen Kindern, damals zwölf und sieben, gefiel es, dass ihre Oma in der Nähe war, und sie zeigten es, indem sie sich viel um sie kümmerten. Trotzdem: Ich erinnere mich, wie ich an einem Tag, an dem mein Terminkalender ganz besonders voll war, mittags nach Hause fuhr, um meine Mutter zu einem Arzttermin zu bringen. Es war abgemacht, dass sie fix und fertig bereitstehen sollte, damit wir gleich losfahren konnten, aber als ich nach Hause kam, war sie noch im Morgenmantel. Das löste bei mir sofort eine ungeduldige Reaktion aus, eine Mischung aus Frustration, Gereiztheit und Wut. Als ich dann genauer hinschaute, merkte ich, dass meine Mutter Probleme mit dem Anziehen hatte. Sie hatte Schmerzen und konnte es nicht besser. Meine Reaktion war nicht, wie ich sie mir gewünscht hätte: mitfühlend. Ich war nach Hause gekommen, um mitzuhelfen und mich um sie zu kümmern, und jetzt bemerkte ich eine gähnende Kluft zwischen meiner Reaktion und meinen eigentlichen Intentionen. Es gelang mir, innezuhalten und mich zu stoppen. *Lesser, was machst du da?*, fragte ich mich beschämt. Ich entspannte mich und ließ von meiner Geschichte los – meiner Idee, dass bei der Arbeit wichtige Aufgaben auf mich warteten, um die ich mich eiligst wieder kümmern müsste. Ich dachte um, wurde präsenter und zugänglicher und half meiner Mutter beim Anziehen. Ich kam los von meiner Gereiztheit, Frustration und Entfremdung und wurde behutsamer, liebevoller und mitfühlender. Ich rief im Büro an und ließ andere für mich einspringen.

Ein paar Wochen später wurde bei einem weiteren Arzttermin festgestellt, dass meine Mutter eine schwere Lungeninfektion hatte. Nachdem der Arzt sie untersucht hatte, nahm er mich beiseite und teilte mir mit, dass sie wahrscheinlich nur noch ein paar Tage zu leben habe. Er erklärte mir, eine Option sei, sie ins Krankenhaus zu bringen und eine Reihe verschiedener invasiver Notfallprozeduren auszuprobieren, aber diese könnten ihr Leben bestenfalls um ein paar Tage oder Wochen verlängern. Ich fragte ihn: »Wenn es Ihre Mutter wäre, was würden Sie tun?« Er antwortete: »Ich würde sie nach Hause bringen und schauen, dass sie es möglichst bequem hat.«

Allerdings lag die Entscheidung nicht bei mir. Der Arzt und ich sprachen nämlich mit meiner Mutter. Wir erklärten ihr die Situation und dass sie wahrscheinlich nicht mehr lange zu leben habe. Ich sagte ihr alles: welche Möglichkeiten es gab und was der Arzt auf meine Frage geantwortet hatte. Sie reagierte mit einer schönen Mischung aus Traurigkeit, Liebe, Zufriedenheit und Resignation. »Okay, gehen wir nach Hause«, sagte sie. »Ich habe ein schönes, langes Leben gehabt. Ich bin bereit.« Ich war von dieser Reaktion völlig überrascht, von ihrer Fähigkeit, ihrer Situation mit solchem Mut und solcher Anmut ins Auge zu schauen und sie voll und ganz anzunehmen. Wir umarmten uns, weinten und fuhren nach Hause.

Für mich und meine Frau war ohne Weiteres klar, dass wir meiner Mutter unser Schlafzimmer geben würden, weil es der ruhigste und am besten abgeschirmte Bereich unseres Hauses war. Ich erinnere mich nicht, dass wir darüber eine Diskussion gehabt hätten. Die Reaktion meiner Mutter: Sie lehnte unser Angebot ab und steuerte direkt auf den lebhaftesten Bereich und Mittelpunkt des Hauses zu, das Wohnzimmer, wo sie sich auf die Couch legte. Das war der Ort, wo sie sein wollte: nicht isoliert, sondern vollkommen zugänglich für unsere ganze Familie, mitten im Zentrum alltäglicher Aktivität. Ihr Wunsch erstaunte mich, aber ich stimmte ohne Zögern zu. Ich respektierte ihr Gespür dafür, wo sie die letzten Tage ihres Lebens zubringen wollte.

Am nächsten Tag lag sie auf der Couch und war offensichtlich sehr schwach. Ich beschloss, ihr einen Obst-Smoothie zu machen, weil ich wusste, dass sie das gerne mochte. Als ich ihr das große Glas gab, mit einem Strohhalm darin, damit sie leichter trinken konnte, fragte sie: »Was machst du denn da? Ich versuche, zu sterben, und du machst mir einen Obst-Smoothie?« Ich antwortete: »Es ist okay für mich, wenn du stirbst, Mama. Ich möchte halt nur, dass du gesund stirbst.« Wir lachten und weinten.

Ein paar Tage darauf wurde sie schwächer, stiller, ruhiger. Spät in der Nacht saßen meine Frau und ich bei ihr, während sie auf der Wohnzimmercouch lag. Wir merkten, dass ihr Atem immer langsamer und voller wurde. Wir begannen, mit ihr zu atmen. Und dann kam dieser Moment: ein langer, langsamer Ausatem, dem kein Einatem mehr folgte. Wir saßen da, in einem Gefühl großer Stille, Traurigkeit und des Loslassens.

Die Arbeit tun

Zentrale Übungen

- Beginnen Sie eine dezidierte Achtsamkeitspraxis (oder setzen Sie sie fort): Meditieren Sie regelmäßig im Sitzen und Gehen und schreiben Sie Tagebuch, in welcher Kombination auch immer.
- Beginnen Sie eine integrierte Achtsamkeitspraxis (oder setzen Sie sie fort). Fragen Sie sich: »Was ist die angemessene Antwort?«
- Hören Sie auf Fakten und auf Gefühle und üben Sie generatives Zuhören.
- Üben Sie Selbstmitgefühl; experimentieren Sie mit Freundlichkeit und Güte.
- Wenn etwas Ihre »Knöpfe drückt« und Sie impulsiv werden: Halten Sie inne, wägen Sie die angemessene Antwort ab und kultivieren Sie emotionale Bewusstheit.
- Immer, wenn Sie Angst vor Veränderung spüren: Prüfen Sie die Lage und die kreativen Spannungen und tun Sie etwas, um in Einklang zu kommen.

PRINZIP 3

Kein Experte sein wollen

Die wissenschaftliche Revolution war keine Revolution des Wissens, sondern vor allem eine Revolution der Unwissenheit. Die große Entdeckung, mit der die wissenschaftliche Revolution losgetreten wurde, war die Erkenntnis, dass wir Menschen nicht im Besitz der Wahrheit sind, und dass wir auf die wichtigsten Fragen keine Antworten wissen.

YUVAL NOAH HARARI,
Eine kurze Geschichte der Menschheit

Das Wort »Achtsamkeit« ist eine Übersetzung des Pali-Wortes »sati«. Wörtlich bedeutet es »erinnern« – sich zu erinnern, dass man da ist, am Leben, frei. Sich zu erinnern, wo man herkommt, wo man hingeht und wo man ist. Sich an die Frustration und das Potenzial des Menschseins zu erinnern. Sich daran zu erinnern, vom Autopilot-Modus auf Bewusstheit umzuschalten. Sich zu erinnern, auf die winzigen Details und die immense Unermesslichkeit des Lebendig-Seins zu achten. Sich daran zu erinnern: Schauen, hören, fühlen, schmecken, berühren, als wäre es das erste Mal und als wäre deine Zeit auf Erden begrenzt (was sie ja ist). Sich daran zu erinnern: Bejahe deinen Körper, deinen Geist, dein Herz. Sich daran zu erinnern: Nimm wahr, wann du dich zu sehr zurückhältst, und stell dir vor, wie es wäre, wenn du überhaupt nichts zurückhalten würdest. Sich an die erstaunliche, mysteriöse, paradoxe Natur des Lebens zu erinnern: Du wurdest geboren und du wirst sterben.

Und was kommt uns dabei in die Quere? Ängste, Gewohnheiten, Ablenkungen, Lust, Abneigung, Rastlosigkeit und noch viel mehr. All das stellt für jeden und jede eine Herausforderung dar, auch für Führende. Ein besonders großes Hindernis für dieses Erinnern, eines, das im Bereich »achtsames Führen« besonders herausragt: zu denken, man hätte recht. Zu denken, es gebe eine korrekte Antwort und wir wüssten sie.

Jedes Mal, wenn ich in der Welt großer Unternehmen Achtsamkeit und Meditation unterrichte, fällt mir auf, wie schnell der Drang aufkommt, zu konkurrieren, besser zu sein, der oder die beste Meditierende zu sein. Während der ersten gemeinsamen Meditation sehe ich oft die Anstrengung der Menschen – eine überflüssige, zusätzliche Anstrengung, die sich in zusammengebissenen Zähnen ausdrückt, hochgezogenen Schultern, angespannten Gesichtszügen. Wenn die Teilnehmenden hinterher Fragen über die Meditationspraxis stellen, kommen schnell zwei brennende Fragen ans Licht: 1. Mache ich etwas falsch? 2. Können die anderen es besser?

Wenn ich auf diese Fragen mit der Empfehlung antworte, ein wichtiges Element der Achtsamkeitsmeditation sei es, die gewöhnlichen Urteile über »richtig« und »falsch« fallen zu lassen, sehe ich oft verwunderte Blicke, aber auch Erleichterung auf den Gesichtern. Es gibt keine richtige oder falsche Meditation. Ich schlage den Menschen gewöhnlich vor, den Versuch aufzugeben, der oder die beste Meditierende sein zu wollen. Für die Übungspraxis von Achtsamkeit und Meditation lautet die zentrale Anweisung: Versuchen Sie nicht, ein Experte sein zu wollen.

Wenn es um Achtsamkeit geht, ist es irreführend, irrelevant, ja sogar kontraproduktiv, ein Experte sein zu wollen. Mehr noch: Ein wesentlicher Effekt der Achtsamkeitsmeditation ist ja, dass sie uns hilft, direkt zu erleben und zu verstehen, dass unsere Bilder, Geschichten und mentalen Modelle der Welt unvollständig, oft einseitig und manchmal fehlgeleitet sind. Sich in Achtsamkeitsmeditation zu schulen bedeutet, sowohl Ehrgeiz als auch Versagensangst loszulassen. Diese Erkenntnis, diese Einsicht erlaubt uns, offener, neugieriger und flexibler zu sein – in Bezug auf unser Denken, unsere Gefühle und unsere Ideen, aber auch in Bezug auf das Denken, die Gefühle und die Ideen von anderen. Dadurch kann sich die Art und Weise, wie wir uns selbst und anderen zuhören, verwandeln und Verständnis und Verbundenheit können wachsen.

Wenn ich Führungskräften und Geschäftsleuten die dritte Praxis, »Kein Experte sein wollen«, zum ersten Mal präsentiere, ernte ich oft skeptische Blicke, Kopfschütteln und Reaktionen wie: »Warum sollte ich das befolgen? In meiner Firma würden sie mich auslachen, wenn nicht sogar fertigmachen, wenn ich kein Experte sein oder mein Fachwissen nicht nutzen wollte.«

Das könnte stimmen. Für eine Führungskraft und im Geschäftsleben ist es eine hoch geachtete und lohnende Position, ein Experte zu sein. Wir brauchen Expertinnen und Experten, und tatsächlich arbeiten wir ein Leben lang hart daran, in all unseren Rollen und Funktionen Experten zu werden – als Eltern, als Ehepartner, als Lehrende, als Führende, als Arbeitende, Studierende, Schülerin und Schüler und so weiter. Expertinnen und Experten bekommen die dicken Gehälter und Bonuszahlungen, die guten Noten, die begehrten Beförderungen, und die Versagerinnen und Versager geleitet man zur Tür. So sieht es jedenfalls aus.

Aber es gibt Zeiten, in denen man sein Fachwissen nutzen und hervorragende Leistungen erbringen sollte, und es gibt Zeiten, in denen diese Dinge hinderlich sind – wenn sie uns nämlich eher blind machen, statt uns helfen, die Lage zu sehen und zu erkennen, was wichtig ist. Es ist paradox, aber wenn wir Achtsamkeit wie ein Anfänger angehen und das Bedürfnis aufgeben, Experte sein zu wollen, wenn wir nicht dem Drang nachgeben, auf der sicheren Seite zu sein, recht zu haben und uns wichtig vorzukommen – dann kann das unser Selbstvertrauen, unsere Flexibilität und Effektivität festigen. Das trifft nicht nur auf Achtsamkeit zu, sondern auch auf die Aufgabe des Führens, auf gesunde Beziehungen, auf die Kunst, dieses Menschenleben zu genießen und zu bejahen. Neugier, Offenheit und ein Bewusstsein dafür, wie viel wir *nicht* wissen, sind enorm viel effektivere Strategien als der Versuch, ein Experte zu werden und diesen Status dann beweisen oder verteidigen zu müssen.

Eine von Shunryu Suzukis Aussagen fasst diesen Ansatz perfekt zusammen: »Das Wichtigste bei unserer Praxis ist, die richtige oder makellose Art von Anstrengung zu haben. Unsere Anstrengung in der Praxis sollte vom Etwas-Erreichen aufs Nicht-Erreichen gerichtet sein.«

Der Begriff »richtige oder makellose Art von Anstrengung« ist ein bisschen paradox. Es ist eine Anstrengung, die keine überflüssige Extra-Anstrengung macht. Noch schwieriger zu verstehen und umzusetzen ist »Nicht-Erreichen«, vor allem im Kontext von Arbeit und Führung. Ein Schlüssel zum Erfolg, zur Präsenz, zur Zufriedenheit als Führungskraft ist es, jede Extra-Anstrengung und jeden unnötigen Ehrgeiz loszulassen, diese Ziele zu erreichen.

Per definitionem heißt Achtsamkeit, dass wir unser tatsächliches, direktes, ungefiltertes Erleben erfahren und das volle Spektrum unserer Sinneswahrnehmungen, Gedanken und Intuitionen. Achtsamkeit hilft uns, die Schönheit und das Geheimnis des menschlichen Lebens anzuerkennen, aber auch den inneren Kritiker, den Richter, unsere Gefühle der Scham, unsere Ängste und Fantasien. Achtsamkeit heißt auch, eine Haltung der Frische, der Warmherzigkeit, des Mitgefühls zu kultivieren. Achtsamkeit selbst kann definiert werden als »kein Experte sein«, was für Shunryu Suzuki vielleicht der Grund war, die Praxis als Schulung des »Anfängergeistes« zu bezeichnen.

Nervöse Affen sind gerne Experten

Es ist sicherer und einfacher, ein Experte zu sein. Die »Werkseinstellung« des nervösen Affen ist es, die innere und äußere Umgebung nach Gefahren abzusuchen. Der fragende, kritische Geist des nervösen Affen fragt oft: *Wie gut bin ich? Liege ich richtig oder liege ich falsch? Mache ich es gut oder schlecht? Bin ich geschützt oder bin ich verletzbar?*

Etwas nicht zu wissen, was andere wissen, Informationen nicht zu haben und als unsicher wahrgenommen zu werden, macht einen verletzlich. Man riskiert, dass jemand Schlaueres und Kompetenteres daherkommt und sich nimmt, was man selbst will. Man riskiert, eine auftauchende Bedrohung nicht als solche zu erkennen. Als nervöse Affen versuchen wir, so schnell wie möglich zu lernen, und wir fühlen uns besser, wenn wir unserer Sache sicher sind. Sobald wir »Bescheid wissen«, können wir uns ein bisschen entspannen, weil die Welt etwas berechenbarer geworden ist. Wir müssen nicht mehr so hart daran arbeiten, Dinge zu verstehen, und Gefahren und Chancen sind einfacher auszumachen.

Das Allerletzte, was ein nervöser Affe will, ist, wieder ein »Anfänger« zu sein. Er arbeitet hart daran, ein »Experte« zu werden, und dieser Status ermöglicht und bekräftigt seinen kontinuierlichen Erfolg. Es ist aber nicht einfach nur eine Frage des Status und unseres Widerwillens, ihn aufzugeben. Die Schwierigkeit hat auch mit unserem Überlebensdrang sowie mit eingefleischten Denkweisen zu tun. Das betrifft jeden, ob wir uns nun als Experten betrachten oder nicht.

Es geht bei dieser Praxis nicht darum, die eigene Erfahrung und Kompetenz aufzugeben. Vielmehr definiert sie, was ich für einen produktiven Zugang für nahezu jede Situation halte: nämlich einen offenen Geist zu haben, einen, der frei ist von vorgefassten Ideen, wie der eines Lernenden oder eines Anfängers. Die Haltung des Experten ist: »Ich weiß Bescheid.« Die Haltung des Anfängers ist: »Ich bin neugierig und will lernen.«

Es kann für den nervösen Affen schwierig sein, diese Haltung einzunehmen, weshalb wir oft damit zu kämpfen haben. Und doch ist sie sehr nützlich und effektiv. Unsere Beziehung zu uns selbst ist die Basis aller anderen Beziehungen, und Anfängergeist zu üben, ist das Fundament für jedes Lernen, für persönliches Wachstum und Entwicklung. Die Übung des Anfängergeistes kultiviert eine neugierige und offene Beziehung zu uns selbst.

Das ist es, was die Achtsamkeit uns lehrt: wie man offen und neugierig reagieren und sich auf etwas einlassen kann; wie man beobachtet, während man sein Urteil zurückstellt. Wenn wir Achtsamkeit üben, dann stimmen wir einem Gedanken oder einer Überzeugung weder zu noch reagieren wir ablehnend und skeptisch. Wir nehmen eine forschende Haltung ein, die weder bestätigt noch widerlegt, was wir vorfinden. Beide Reaktionen – sowohl das Bestätigen dessen, was sich ins Bild fügt, als auch das Wegschieben dessen, was nicht passt – sind oft eine reflexhafte mentale Gewohnheit des nervösen Affen. Es ist im Allgemeinen eine Form des Autopilot-Modus. Es ist das, was herauskommt, wenn wir an die eigene Kompetenz und unser Fachwissen glauben.

Bei allen sieben Prinzipien geht es darum, unser Gewohnheitsdenken, den Autopiloten, unseren schlafenden Geist zu bemerken und zu transformieren – den Geist, der unsere Bewusstheit und Aufmerksamkeit einengt. Für den Anfängergeist müssen wir nichts extra tun; vielmehr baut er Vermutungen und Gewohnheiten ab. Denn eigentlich ist ja jede Aktivität neu und frisch; jeder Moment ist lebendig. Wir erzeugen das nicht; wir können es nur wahrnehmen. Der Begriff »Anfängergeist« beschreibt einfach unsere Fähigkeit, wahrzunehmen, was wirklich da ist.

Scheitern annehmen

Die meisten Führungsphilosophien legen besonderen Wert auf Wissen und Verstehen, heben die Entscheidungsfindung auf der Basis dieses Wissens hervor und betonen, es gehe darum, andere zu überzeugen, dass wir den richtigen Weg kennen. Aber Achtsamkeit fordert uns auf, nicht so zu handeln – wodurch wir uns extrem verwundbar vorkommen können, weil wir aufgrund unserer evolutionären Entwicklung erwarten, dass das im Bereich Führung gleichbedeutend ist mit Scheitern.

Der Ausgangspunkt für unsere Praxis ist deshalb, weniger impulsiv zu sein. Wir streben an, uns mental von den impulsiven Selbstschutzreaktionen hin zu größerer Empfänglichkeit zu bewegen. Eine großartige Übung dafür ist es, Misserfolge anzunehmen, die Tatsache, dass wir scheitern, überleben und lernen können, als Realität einzuüben und zu leben. Dies war eine der ersten Übungen, die ich in der Einführung zu einem Improvisationskurs lernte, den ich einmal bei »Bay Area Theatre Sports« (BATS) in Fort Mason in San Francisco machte. Zoe Galvez, meine Lehrerin, forderte die sechzehn Teilnehmenden unserer Gruppe auf, die Arme in die Luft zu strecken und mit einem breiten Grinsen auf dem Gesicht lauthals zu verkünden: »Ich habe versagt!« Und noch einmal: »Ich habe versagt!«, und ein drittes Mal, aus ganzem Herzen: »Ich habe versagt!«

Solch ein Bekenntnis kann einen Riesenspaß machen und seltsam befreiend sein. Die Versagensangst loszulassen, ein Scheitern vielleicht sogar zu feiern, war eine wichtige Basis für das Improvisieren auf der Bühne. Improvisationstheater riskiert immer das Scheitern, jeder improvisierende Schauspieler scheitert immer und immer wieder, aber deswegen darf die Show ja nicht aufhören. Improvisieren zu lernen, war wie ein Experimentieren in einem geschützten Raum, in dem man etwas riskieren konnte und sich nicht sorgen musste, ob man gewann oder verlor, ob man gut aussah oder schlecht oder ob man »es richtig machte«.

Ich hatte mit dem BATS-Improvisationskurs angefangen, um etwas gegen meine Riesenangst vor öffentlichen Auftritten zu tun. Ich hatte gewöhnlich Albträume, wenn ich ohne schriftliche Vorlage frei vor Publikum sprechen musste. Der Improvisationskurs half mir sehr. Diese Haltung des Anfängergeistes zu kultivieren, hat mir geholfen, mich inmitten aller Anspannung entspannter und selbstbewusster zu fühlen. Seither habe ich dazugelernt und bin gewachsen. Über viele Jahre habe ich Seminare mit verschiedensten Gruppen geleitet. Ich habe ziemlich viel Erfahrung und Selbstvertrauen gesammelt, was das Sprechen in der Öffentlichkeit angeht, aber ich muss mich immer noch daran erinnern, dem Impuls des nervösen Affen, sich entweder als Versager oder aber als Experte zu betrachten, nicht nachzugeben.

In meinen Seminaren zu Mindful Leadership mache ich diese »Ich habe versagt!«-Übung manchmal, und ich habe sie auch schon in das

Search-Inside-Yourself-Programm integriert – als eine Methode, die üblichen Glaubenssätze und Fixierungen bezüglich Erfolg und Misserfolg zu entkräften. In einem meiner Seminare begann ein 45 Jahre alter Psychiater nach dieser Übung zu weinen. Er sagte, er habe so etwas noch nie gemacht. Von Geburt an habe er das Gefühl gehabt, es gehe nur darum, Erfolg zu haben. Er hatte nur die besten Noten, ging auf die besten Schulen und wurde ein erfolgreicher Arzt. Den krampfhaften Versuch, ein Experte zu sein, einen Moment loslassen zu können – das war bewegend und befreiend für ihn.

Diese Übung können Sie sehr gut allein machen. Experimentieren Sie damit, Ihre Einstellung ein bisschen dahin zu verändern, dass Scheitern akzeptiert werden kann. Es gibt im Laufe eines durchschnittlichen Tages viele große und kleine Gelegenheiten dazu: wenn Sie zu spät kommen (Ich habe versagt!), den Namen von jemandem vergessen haben (Ich habe versagt!), etwas verschütten (Ich habe versagt!), einen Fehler gemacht haben (Ich habe versagt!) und so weiter. Nehmen Sie zuerst Ihre gewohnheitsmäßige Reaktion auf den Fehler wahr. Wenn Sie so sind wie ich, dann verkrampfen und verspannen Sie sich und ärgern sich, sind ungeduldig oder wütend. Statt sich zu verkrampfen und zu verspannen, schauen Sie doch, ob Sie Ihre Reaktion ändern können. Gestehen Sie zuerst ein, dass eine Erwartung nicht erfüllt worden ist, und denken Sie: »Ist das nicht interessant?« Dann spielen Sie das »Ich habe versagt!«-Spiel. Sagen Sie zu sich selbst oder laut heraus zu jemand anderem: »Ich habe versagt!« Mit einem Lächeln, aber in vollem Ernst. Und, ganz wichtig: Wenn Sie sich verkrampfen, versuchen Sie es einfach wahrzunehmen, statt sich wegen des Verkrampfens noch weiter zu verkrampfen.

Mit neuen Augen schauen: Dieses Mal ist das erste Mal

Jeden Tag sehe oder höre ich etwas, das mich irgendwie total begeistert.
MARY OLIVER

Erinnern Sie sich an das erste Mal, als Sie Fahrrad gefahren sind, Auto gefahren sind, ein neues Computerprogramm benutzt haben oder zum ersten Mal geküsst wurden? Erinnern Sie sich an diese Mischung aus Verlegenheit und Aufregung, die Fülle dieses Erlebnisses, etwas Ungewohnt-Neues zu lernen?

Und jetzt in diesem Moment: Nehmen Sie wahr, dass Sie atmen? Natürlich atmen Sie, Sie atmen seit dem Moment Ihrer Geburt, aber haben Sie schon einmal darüber nachgedacht, dass der Atemzug, den Sie gerade machen, neu ist, vorher noch nie dagewesen ist und sich auch nie mehr wiederholen wird? Es ist sehr leicht, diese Realität zu vergessen, sie als selbstverständlich zu betrachten. Wir haben ja so viel Wichtigeres zu tun und zu bedenken. Aber versuchen Sie jetzt, einen Moment innezuhalten: Seien Sie neugierig auf diesen Atemzug und dann auf den nächsten Atemzug. Auf alles, was wir lernen, trifft das zu – Fahrrad fahren, Auto fahren, neue Software lernen, küssen. Für alles gibt es ein erstes Mal, und doch ist jedes Mal anders und einmalig, jedes einzelne folgende Mal.

Normalerweise erleben wir es nicht so. Sobald wir etwas ein paar Mal gemacht haben, oder ein Dutzend oder tausend Mal, wird es uns vertraut. Und sobald uns etwas vertraut ist, achten wir nicht mehr so darauf. Viele Dinge beachten wir überhaupt nicht mehr. Zum Beispiel Atmen. Oder Gehen. Aber zu gehen ist eine Riesensache, wenn wir Babys sind und irgendwo hinwollen! Einem Kleinkind zuzuschauen, wie es laufen lernt, kann sehr inspirierend sein: Wir sehen diesen ganzen Prozess, wie es steht, einen Schritt macht, das Gleichgewicht zu halten versucht, probiert, immer und immer wieder scheitert und hinfällt und schließlich doch alles auf die Reihe bekommt. Und dann, wenn man im Gehen ein Experte ist, achtet man höchstwahrscheinlich nur noch wenig oder gar nicht mehr darauf (es sei denn, man hat Schmerzen).

Ich persönlich habe in den letzten Jahren zwei Hüftoperationen gehabt (ja, ich bin der Bionik-Mann!). Ohne Schmerzen gehen zu können, betrachte ich nicht mehr als selbstverständlich, zumindest meistens nicht. Manchmal vergesse ich es, vielleicht weil ich mich während des Gehens auf ein Gespräch oder etwas anderes konzentriere. Ein andermal wieder halte ich kurz inne und sage mir: *Oh, das hat früher wehgetan! So weh, dass ich keine längere Strecke mehr geschafft habe.* In diesen bewussten Momenten bin ich dankbar: Es ist einfach gigantisch, zwei Titanhüften zu haben. Ich weiß die Arbeit der Forscher und Wissenschaftler zu schätzen, die diese Teile entwickelt haben, und die medizinischen Fortschritte, die Durchbrüche, die für das ganze Verfahren erforderlich waren. Ich bin voller Anerkennung für meinen Chirurgen sowie für meine Frau und meine Familie, die sich nach der Operation um mich gekümmert haben.

Und dann gehe ich irgendwohin und vergesse all das natürlich. Wir vergessen gern, verlieren schnell das Interesse an dem, was wir tun, vor allem, wenn es leicht ist oder sich oft wiederholt. Indem wir dazulernen und kompetenter werden und bestimmte Dinge immer und wieder machen, fangen wir an, sie als selbstverständlich zu betrachten. Das hat auch Vorteile. Wir müssen ans Atmen, Gehen, Denken, Sprechen oder Sehen nicht extra denken. Diese vertrauten Tätigkeiten erfordern so wenig Aufmerksamkeit, dass sie automatisch werden.

Leider kann sich dieses Gewohnt-Sein, dieses Gefühl, etwas zu können und es als selbstverständlich zu betrachten, auch darauf erstrecken, wie wir über uns selbst, unsere Beziehungen und die Welt nachdenken. Es kann sein, dass uns die meisten unserer Tätigkeiten automatisiert vorkommen. Dagegen ist kein Bereich unseres Lebens gefeit. Das Prinzip »Kein Experte sein wollen« will die Filter der Erwartung und Gewöhnung reduzieren, weil sie uns daran hindern, die Lebendigkeit und den Reichtum unserer Empfindungen zu sehen, zu sehen, wie lebendig und reich jeder Moment ist.

VERSUCHEN SIE FOLGENDES: Halten Sie die rechte Hand hoch, mit der Handfläche zum Gesicht gedreht. Nehmen Sie sich einen Moment Zeit, zu schauen, zu sehen, wahrzunehmen. Versuchen Sie, ob das ohne Benennen geht, ohne Worte, ohne Beurteilung. Geben Sie es auf, etwas erreichen zu wollen – zum Beispiel, diese Übung gut zu machen – oder etwas zu suchen oder als Resultat festhalten zu wollen. Was sehen und fühlen Sie? Diese Hand: Sind das Sie oder ist sie nur ein Teil von Ihnen? Lassen Sie sich durch den Kopf gehen, dass Sie diese Hand (die ja komplexer ist als alles, was ein Mensch schaffen kann) nicht geschaffen haben. Bewegen Sie Ihre Finger: Diese kleinen Muskelbewegungen werden von mehr als zweihunderttausend Neuronen gesteuert. Nehmen Sie die Form jedes einzelnen Teiles dieser Hand wahr, ohne seinen Namen zu gebrauchen. Nehmen Sie die Linien auf der Haut wahr. Während Sie das tun, nehmen Sie wahr, dass Sie atmen. Nehmen Sie wahr, ob und wann sich Ihr denkender Geist einschaltet – mit beurteilenden Gedanken (»Ich wusste nicht, dass ich solche Wurstfinger habe!«) oder peinlich berührt (»Wieso mache ich jetzt hier sowas Blödes?«). Lenken Sie die Aufmerksamkeit zurück auf die Hand und bleiben Sie bei diesem Experiment etwas länger, als Sie eigentlich wollen. Was fällt Ihnen noch auf? An Ihren Gedanken und Ihrem Atem? Was fällt Ihnen an Ihrer Hand auf? Haben Sie jemals in der Weise Zeit darauf verwendet, um den Körper kennenzulernen, der Sie sind?

Üben Sie nun für den Rest des Tages oder der Woche (oder immer, wenn Sie daran denken), alles mit neuen Augen anzuschauen: sich selbst, die Menschen, mit denen Sie leben und arbeiten, die Welt. Treten Sie einen Schritt zurück und entfernen, reduzieren oder lösen Sie alles, was Sie bereits wissen. Schauen und hören Sie stattdessen mit einem Gefühl des Staunens und der Neugier.

Eine weitere exzellente Methode dafür ist die Übung der Gehmeditation (siehe Seiten „Gehmeditation“ auf Seite 82). Probieren Sie aus wie ein Kind zu gehen, als würden Sie es zum ersten Mal tun, und staunen Sie, was für ein Wunder es ist. Richten Sie jedes Mal, wenn es Ihnen einfällt, die Aufmerksamkeit auf Ihr Gehen und schauen Sie, was passiert.

Sei jetzt hier … äh, wann noch mal? Geistiges Abschweifen reduzieren

Manche psychologischen Untersuchungen schätzen, dass 10 Prozent unserer Aktivität bewusst und 90 Prozent unbewusst geschehen. Das bedeutet: Denken, Fühlen, Beurteilen und Handeln werden von automatisierten, unbewussten Vorgängen gesteuert. Man nimmt an, dass dieser Automatisierungsvorgang eine neurologische Basis hat. Die Aktivität eines der ältesten, ursprünglichsten Gehirnteile, der Basalganglien, bearbeitet wiederholte bewusste Handlungen so lange, bis sie zu Gewohnheitsmustern werden.

Es hat den Anschein, dass uns diese Art von automatisierter Verarbeitung aber nicht zu tiefen, befriedigenden Gedanken befähigt. Andere Studien haben gezeigt, dass während 47 Prozent der aufgewendeten Zeit bei den meisten Menschen der Geist abschweift – das heißt, sie sind nicht auf das fokussiert, was sie tatsächlich tun. Dazu kommt, dass dieses Tagträumen mit nervöser Unruhe gekoppelt ist, was wiederum Unbehagen erzeugt. Hier als Beispiel die Zusammenfassung eines wissenschaftlichen Aufsatzes von Justin Brewer, Forschungsleiter an der Medizinischen Fakultät der Universität von Massachusetts:

> Der »Default Mode« (»Ruhezustand«) besteht im geistigen Abschweifen, in Nichtaufmerksamkeit auf das, was man tut. Geistiges Abschweifen korreliert mit Unlustgefühlen im Gehirn. Es konnte gezeigt werden, dass geistiges Abschweifen sich im Gehirn durch Achtsamkeitsmeditation deaktivieren lässt. Erfahrene Meditierende verfügten, wie Messungen in verschiedenen Gehirnregionen zeigten, über größere Bewusstheit und kognitive Kontrolle.

Oder, um es mit dem Vergleich in diesem Buch zu sagen: Nervöse Affen sind keine glücklichen Affen. Fantasiebegabte und empathische Affen auch nicht. Unser Geist wandert ständig in denselben ausgefahrenen Gleisen, fixiert auf Ungewissheit, Unruhe und »Was ist, wenn …?«. Unser Geist wandert in Vergangenheit und Zukunft herum, käut alte Verletzungen und Konflikte wieder durch, antizipiert bekannte Gefahren, und wenn wir uns auf die Gegenwart fokussieren, dann nur, um uns zu verteidigen.

Aber Achtsamkeitsmeditation hilft, das zu verändern. Indem wir eine gleichzeitig fokussierte und ergebnisoffene Bewusstheit üben, lernen wir, gewohnheitsmäßiges Denken und negatives Tagträumen loszulassen. Auf gewisse Weise könnte man ergebnisoffene Bewusstheit auch eine Art »positives Tagträumen« nennen. Das ist es, was durch achtsames Gehen kultiviert wird. Ich denke natürlich, dass jeder das ab und zu erlebt, oft unerwartet, zum Beispiel draußen in der Natur oder unter der Dusche: Neue Einsichten tauchen auf, ohne irgendeine Agenda oder ein Problem lösen zu müssen. Diese Art des positiven Tagträumens ist frei von Sorgen oder Grübelei, frei von To-do-Listen und jeglichen Bedenken hinsichtlich Raum und Zeit. Das sind die Momente, in denen wir die Welt und uns selbst mit neuen Augen sehen.

VERSUCHEN SIE FOLGENDES: Jeder tagträumt ab und zu mal. Erforschen Sie das, seien Sie neugierig und nehmen Sie den abschweifenden Geist wahr. Wenn Sie merken, dass Ihr Geist abschweift, bringen Sie Aufmerksamkeit hinein, ohne zu werten oder ein Experte sein zu wollen. Fragen Sie sich, und wenn es nur ein paar Minuten pro Tag ist: *Bin ich fokussiert und mir bewusst, was ich tue? Mache ich ganz bewusst mein Bewusstsein weit? Oder grüble ich über die Vergangenheit nach oder sorge mich um die Zukunft?* Nehmen Sie einfach wahr.

Erst erleben, dann erzählen

Daniel Kahneman, nobelpreisgekrönter Wirtschaftswissenschaftler und Psychologe, behauptet, der Mensch besitze zwei verschiedene Persönlichkeiten: das erlebende Selbst und das erinnernde oder erzählende Selbst. Das erlebende Selbst lebt im Moment und in der Welt der Empfindungen. Das erzählende Selbst kreiert Geschichten, um dem Erlebten einen

Sinn zu geben. Experte zu sein, ist eine Geschichte, und wenn es unser Interesse ist, unser Expertenwissen zu nutzen, zu zeigen oder zu bestätigen, dann sind wir nicht mehr so fokussiert auf das Geschehen im Moment.

Kahneman hat eine Reihe faszinierender Experimente durchgeführt, um die Unterscheidung zwischen diesen beiden Ichs klarzumachen und auch die Konflikte zwischen diesen Teilen unserer selbst aufzuzeigen, vor allem in Bezug auf das Zeiterleben und darauf, wie das erinnerte Selbst beeinflusst wird von dem, was er »Höchststand« und »Ende« einer Erfahrung oder eines Ereignisses nennt. So kann zum Beispiel unsere Erinnerung an einen Urlaub von einem oder zwei Momenten gefärbt sein, die als stark positive oder negative Höchststände herausstechen, sowie davon, wie wir den letzten Teil dieses Urlaubs erlebt haben. In seinem Buch *Schnelles Denken, langsames Denken** schreibt Kahneman:

> Doch wir sollten nicht vergessen, dass die Perspektive des erinnernden Selbst nicht immer richtig ist [...] Die Vernachlässigung der Dauer des erinnernden Selbst, seine übertriebene Gewichtung von Höchstständen und Enden sowie seine Anfälligkeit für den Rückschaufehler führen insgesamt zu einer verzerrten Abbildung unserer tatsächlichen Erfahrung.

Erinnern und Geschichtenerzählen sind das Reich des fantasiebegabten Affen, der Empfindungen und Erfahrungen verarbeitet und eine Erzählung strickt, die unserem Selbst einen Sinn verleiht – unserer Identität, unseren Werten und Bedürfnissen – und sie in den Kontext von Beziehungen, Arbeit und Leben stellt.

Das Problem ist, wie Kahneman betont, dass diese Geschichten oft unzutreffend sind! Nicht nur ist unsere persönliche Perspektive beschränkt,

---

* Daniel Kahneman, *Schnelles Denken, langsames Denken*, Siedler-Verlag: München, 2012

sodass wir nie das Gesamtbild sehen, sondern auch unsere Perspektive auf das eigene Erleben und unsere Erinnerungen ist oft einseitig. In der Folge suchen wir uns bestimmte Aspekte unserer Erfahrung als wichtig heraus und bauen aus ihnen eine Geschichte zusammen. Mit anderen Worten: Wir könnten meinen, wir seien zumindest Experten für uns selbst, unsere Geschichte und unsere Identität, aber Kahneman stellt klar, dass wir diesen Anspruch skeptisch betrachten sollten.

VERSUCHEN SIE FOLGENDES: Schauen Sie, ob Sie bei sich den Unterschied zwischen erlebendem und erzählendem Selbst beobachten können. Probieren Sie ein bisschen aus, reines Erleben wahrzunehmen – was sehen, hören, riechen, schmecken und fühlen Sie Moment für Moment? Achten Sie dann darauf, was Sie als wichtig erinnern und wie Sie eine Geschichte oder Erzählung kreieren, die Ihnen, den anderen und der Welt Sinn gibt. Was lässt sich daraus lernen, wenn Sie unterscheiden zwischen dem, was Sie erleben, und der Geschichte, die Sie aus diesem Erleben konstruieren?

Mit offenem Ohr zuhören: Kein Experte für Beziehungen sein wollen

Für achtsam Führende ist das Prinzip, kein Experte sein zu wollen, vor allem in Beziehungen nützlich. Ein paar meiner Lieblings-Buchanfänge stammen aus Ronald Laings Buch *Phänomenologie der Erfahrung*:*

> Ich kann Dein Erleben nicht erleben
> Du kannst mein Erleben nicht erleben
> Deshalb sind wir unsichtbar füreinander

* Ronald D. Laing, *Phänomenologie der Erfahrung*, Suhrkamp-Verlag: Frankfurt a. M. 1969

»Unsichtbar« ist ein hartes Wort. Ich glaube, dass wir, als empathische Affen, Gefühle spüren, teilen und vermitteln können. Aber Gedanken lesen können wir nicht. Ich nehme von Laing mit, dass wir nicht davon ausgehen sollten, die Erfahrung eines anderen zu kennen. Unsere Perspektive ist beschränkt und wir liegen oft falsch. Deshalb ist es sinnvoll, aufmerksam und neugierig zu sein und das auch zu üben, damit unser Verständnis für andere wachsen kann. Je mehr uns andere vertraut sind, desto mehr nehmen wir normalerweise auch an, wir würden sie »kennen«. Wir laufen Gefahr, uns für »Beziehungsexperten« zu halten.

Die Praxis des Anfängergeistes (also nicht anzunehmen, man wisse Bescheid) ist eine Möglichkeit, um größeres Verständnis und Vertrauen aufzubauen, vor allem dann, wenn wir mit jemandem eine Meinungsverschiedenheit oder einen Konflikt haben. Und beim Aufbau von Vertrauen und Verbundenheit ist Zuhören eine Schlüsselqualifikation.

Bei Prinzip 1 habe ich angemerkt, dass eine der drei Aufgaben einer Führungskraft das Zuhören ist, und in Prinzip 2 habe ich vier Ebenen des Zuhörens beschrieben. Aber wie ist es um die Qualität unseres Zuhörens bestellt? Das ist die Hauptfrage, die man sich stellen muss, wenn man mit jemandem ein Gespräch führt. Hören Sie zu, um etwas zu entdecken, zu lernen, Ihren Horizont zu erweitern? Oder hören Sie zu Ihrem eigenen Vorteil zu, durch den Filter Ihrer Bedürfnisse und Ängste, oder um Ihre eigene Geschichte zu bestätigen (was Ihr Bedürfnis, Experte zu sein, widerspiegeln würde)?

Probieren Sie in Ihren Gesprächen aus, mit Anfängergeist zuzuhören – ohne Urteil und Erwartungen. Das ähnelt sehr dem generativen Zuhören. Bereit sein, sich von dem, was die andere Person sagt, überraschen zu lassen. Wir haben unser ganzes Leben lang zugehört, aber wie oft hören wir wirklich, was die andere Person sagt, fühlt, meint? Wie oft versuchen wir zu erfahren, was für uns unsichtbar ist?

Was ich gerne »Filter« nenne, verstopft die Ohren und verzerrt, was wir hören oder was wir für den Sinn der Aussage eines anderen halten. Diese Filter haben mit den drei Affen zu tun: Es könnte sich um die

Ängste oder vermuteten Gefahren des nervösen Affen handeln. Es könnte sich um die Geschichte des fantasiebegabten Affen über unser Fachwissen, unsere Führungsqualitäten, Prioritäten und Ziele handeln (das, was erreicht werden muss). Es könnte sich um die Vermutungen und irrtümlichen Annahmen des empathischen Affen handeln, die von dem ausgehen, was wir im Gegenüber spüren, fühlen und sehen.

Nehmen Sie Ihre Filter wahr, um dieses »Kein Experte sein wollen« in Beziehungen zu üben. Welche Einstellungen, Geschichten, Ängste und Wünsche hindern Sie, das Erleben eines anderen anzuhören und zu sehen? Schulen Sie sich praktisch, voll präsent zu sein für alles, was in diesem Moment passiert, mit einer Haltung der Neugier und Warmherzigkeit. Wenn Sie im Zweifel sind, bitten Sie andere um Feedback. Es liegt in der Natur der Filter, dass wir sie nicht bemerken. Die anderen oder die Welt erscheinen uns in einem bestimmten Licht, wir meinen zu sehen, was tatsächlich Sache ist, bis uns jemand unsere Filter aufzeigt. Dann haben wir die Wahl: den Filter zu entfernen und noch mal hinzuschauen und hinzuhören oder aber einen weiteren Filter zu kreieren, indem wir anderen oder den Umständen die Schuld dafür geben, dass sie nicht dem entsprechen, wie sie (unserer »Expertenmeinung« nach) sein sollten.

Eine weitere gute Methode, sich der eigenen Filter bewusst zu werden und besser zuzuhören, ist es, sich im Erkennen der Gefühle von anderen zu üben. Wir neigen dazu, die eigenen Gefühle in den Vordergrund zu rücken und darauf dann zu reagieren, aber wenn wir unser Urteil zurückstellen, einen offenen Horizont bewahren und die Gefühle von anderen erforschen, dann könnte es sein, dass wir überraschende Lösungen finden. Experimentieren Sie im Alltag damit, dass Sie neugierig darauf sind, wie zufrieden andere Menschen sind. Nur wahrnehmen und zuhören.

VERSUCHEN SIE FOLGENDES: Suchen Sie sich als Experiment drei Menschen aus, die Sie einigermaßen gut kennen und regelmäßig treffen, entweder bei der Arbeit oder zu Hause, und ordnen Sie auf einer Skala von 1 bis 10 (10 = sehr zufrieden, 1 = sehr unzufrieden) ein, wie Sie die Zufriedenheit dieser Menschen einschätzen. Reflektieren Sie auch, wie Sie zu dieser Einschätzung kommen – worauf beruht sie? Auf Worten oder Körpersprache, auf Ihren eigenen Filtern oder auf dem, was Sie als ihre Gefühle vermuten? Schauen Sie, ob Sie Ihre eigenen Urteile wahrnehmen können. Achten Sie dann die nächsten Tage darauf, was diese Menschen tatsächlich tun und sagen, wie sie sich verhalten. Was können Sie lernen?

Glanz und Elend in Tokio

In vielen Bereichen meines Lebens fällt es mir leicht, andere in diesen Übungen zu unterrichten und zu trainieren. Eine viel größere Herausforderung ist es, sie ins eigene Leben zu integrieren. Hier ist ein Beispiel, wie meine Fähigkeit zum Anfängergeist und zum Kein-Experte-Sein einmal auf die Probe gestellt wurde.

Als ich meine Beratungsfirma für Führungskräfte und Manager eröffnete, war ich ziemlich selbstbewusst, obwohl ich in diesem Bereich nicht viel Erfahrung hatte. Eines Tages bekam ich einen Anruf, ob ich die Durchführung eines dreitägigen Retreats in Tokio für acht Topmanager aus der ganzen Welt mitsamt ihren Partnerinnen übernehmen wolle. Begeistert, aber auch etwas nervös sagte ich zu. Nervös deshalb, weil ich so etwas noch nie gemacht hatte, und begeistert deshalb, weil ich zum ersten Mal nach Japan reisen und die Erfahrung machen würde, ein Retreat zu leiten.

Wochen vorher hatte ich eine Reihe von Planungstreffen mit einem aus der Gruppe, der die Organisation übernommen hatte. Er teilte mir mit, die Gruppe sei interessiert, ein Retreat im Zen-Stil zu machen. Sie wollten eine Einführung in die Meditation und in Achtsamkeitsübungen; zwar erwarteten sie schon Gespräche und Diskussionen, aber die drei Tage sollten primär in Stille und mit viel Meditation zugebracht werden.

Die sechzehn Teilnehmerinnen und Teilnehmer, acht Paare, waren Mitte fünfzig bis Anfang sechzig und kamen aus den USA, Australien, Südamerika und Europa. Die Männer waren alles Topmanager mittelgroßer Firmen und einige von ihnen gingen auf ihre Pensionierung zu. Ich erfuhr, dass diese Gruppe sich schon seit Jahren ein- oder zweimal im Jahr in verschiedenen Städten auf der ganzen Welt traf. Sie fingen ihre Reisen gern mit einem Retreat an und erkundeten dann ein wenig die Gegend, in der sie gerade waren.

Ich hatte das Gefühl, dass der erste Tag des Retreats gut lief. Wir machten am Morgen und am Nachmittag je zwei Mal zwanzig Minuten eine Meditation. Ich hatte ein paar Zuhörübungen und ein bisschen Tagebuchschreiben vorbereitet, freies Schreiben zu ein paar Stichworten, die sie von mir bekommen hatten. Ein großer Teil des Tages wurde in Stille zugebracht. Ich schloss mich am Ende des Tages mit dem Organisator kurz, der mir zustimmte, es sei ein guter Start gewesen.

Am zweiten Tag begannen wir mit einer kurzen Meditation, und dann schlug ich vor, wir sollten einmal die Runde um den Tisch machen, und jeder Teilnehmende sollte mit einem Wort sagen, wie er oder sie sich fühlte. Der erste sagte: »Gelangweilt.« Die nächste: »Verwirrt.« Und so ging es im Gegenuhrzeigersinn einmal herum: »Gespannt.« – »Müde.« – »Unzufrieden.« – »Frustriert.« Die negativen Wörter wechselten sich mit ein paar positiven und ein paar mehr neutralen Wörtern ab.

Ich war wie betäubt. Offensichtlich funktionierte das Retreat mit dieser Gruppe nicht, obwohl ich es gedacht hatte. Mir war peinlich zumute, ich schämte mich und kam mir wie ein Versager vor. Hier war ich nun in Tokio, leitete mein erstes Retreat für Geschäftsleute – und sie waren alle unzufrieden! Ich stand am Kopfende des langen Konferenztisches, und die sechzehn Teilnehmerinnen und Teilnehmer schauten mich an und warteten, was jetzt passieren würde. Ich wollte im Erdboden versinken, davonlaufen oder heulen.

Ich atmete ein paar Mal tief durch und nahm die Gefühlsmischung in mir wahr, die Verkrampfung im Brustkorb und in den Kiefermuskeln.

Ich wusste, dass jetzt der Moment gekommen war, mit dem Besten aufzuwarten, was meine Persönlichkeit zu bieten hatte; ganz tief zu graben und so viel Gleichmut, Neugier und Anfängergeist zutage zu fördern, wie ich nur konnte. Ich schaute in die Runde und sagte: »Offensichtlich läuft hier etwas schief. Das tut mir leid. Ich bin neugierig und es interessiert mich, was es ist. Woran liegt es? Vor allem: Was versprecht ihr euch von diesem Treffen? Wir haben noch zwei Tage Zeit. Was würde euch am meisten bringen? Machen wir noch einmal eine Runde und lassen jede und jeden zu Wort kommen.«

Überrascht erfuhr ich, dass die acht Paare stark daran interessiert waren, die Übergangsphase, in der sie sich befanden, auszuloten. Sie alle befanden sich, persönlich und in ihrer Karriere, in einem großen Umbruch. Bei vielen waren die Kinder aus dem Haus. Eine Mischung aus Angst und Vorfreude angesichts der bevorstehenden Pensionierung und der nächsten Lebensphase kam zum Ausdruck. Sie wollten Zeit haben, um diese Themen mit ihrer Partnerin oder ihrem Partner und der Gruppe zu erkunden.

Ich hätte bei meinem Plan bleiben oder versuchen können, meine Rolle als Autorität oder Experte aufrechtzuerhalten. Aber ich glaube nicht, dass das gut gewesen wäre. Ich hatte stattdessen das Gefühl, ganz transparent sein zu müssen, präsent, neugierig und lernoffen, was in dieser Situation eigentlich vor sich ging und gebraucht wurde. Ich musste meine Vermutungen, Bedürfnisse, Ängste, Pläne loslassen und auf die Teilnehmerinnen und Teilnehmer hören.

Also verlagerte ich den Schwerpunkt des Retreats auf eine Exploration, wie sie einzeln und als Paar die nächste Phase ihres Lebens angehen wollten. Ich ließ sie in Dreiergruppen über ihre Ängste und ihre Wünsche und Ziele sprechen. Als Nächstes bat ich jedes Paar, sich irgendwo im Raum zurückzuziehen und sich gegenseitig zu fragen: »Bitte sag mir, wie kann ich dich besser lieben?« Während dieser Begegnungen gab es eine Menge Emotionen und auch ein paar Tränen. Auf einmal stand das Retreat viel mehr im Einklang mit ihren Bedürfnissen. Als wir am

Ende der drei Tage wieder in der Gruppe zusammenkamen und ich mit der Bitte um ein einziges Wort wieder herumging, kamen Dinge wie: »Überrascht.« – »Ruhig.« – »Gemeinschaft.« – »Hoffnungsvoll.«

Im Jahre 1971, als ich neunzehn war, erschien Ram Dass' Buch *Sei jetzt hier*, das einen großen Eindruck auf mich machte.* Es zeigte die Möglichkeit auf, ein sinnerfülltes Leben zu finden, indem man die konventionellen Sichtweisen, was der Mensch und was die Welt sei, hinter sich ließ. Ich begegnete der Idee, kein Experte sein zu müssen, der Idee des Anfängergeistes, und zwar in der Form dessen, was Ram Dass »die herrlichste alle Paradoxien« nannte: Sobald du alles aufgibst, kannst du alles haben. Wenn du dich nicht mehr darauf versteifst, dass du alles weißt, gibt es viel mehr Möglichkeiten.

Bei dieser Übung geht es einfach darum, sich ernsthaft Mühe zu geben, ohne vorschnelles Begreifen zuzuhören; zu reagieren, ohne impulsiv zu sein; bereit und willens zu sein, von jedem Menschen und aus jeder Situation etwas zu lernen.

Kein Experte sein wollen

Zentrale Übungen

- Machen Sie sich den »Anfängergeist« zu eigen: ein Sehen, ohne zu vermuten, vorwegzunehmen oder zu urteilen.
- Nehmen Sie Misserfolge an. Üben Sie »Ich habe versagt!«, wenn etwas nicht so läuft wie geplant oder erwartet.

* Ram Dass, *Sei jetzt hier*, Sadhana-Verlag: Berlin 1996.

- Üben Sie, die Dinge so zu sehen, als wäre es das erste Mal, zum Beispiel Ihre Hand oder beim Gehen.
- Nehmen Sie gedankliches Abschweifen und Grübeln wahr.
- Werden Sie sich des erlebenden Selbst und des erinnernden oder erzählenden Selbst bewusst.
- Nehmen Sie Ihre Filter wahr. Welche Geschichten hindern Sie am Zuhören?
- Nehmen Sie nicht an, Sie wüssten, was andere fühlen und denken; hören Sie stattdessen zu, um zu lernen, was für Sie »unsichtbar« ist.

PRINZIP 4

Den eigenen Schmerz berühren

Es gibt keine Bewusstwerdung ohne Schmerz.

C. G. JUNG

Als ich Geschäftsführer von SIYLI war, wurde ich einmal zu einem Dinner in Madison (US-Staat Wisconsin) eingeladen, zu dem sich am Vorabend eines Vortrages des Dalai Lama Wissenschaftler, Führungspersönlichkeiten und Lehrer versammelten. Ich hatte das Glück, einen Platz neben Bill George zugewiesen zu bekommen, Autor des Buches *Discover your True North* und Professor an der Harvard Business School. Während wir uns beim Essen unterhielten, erzählte er mir etwas sehr Interessantes über seine Erfahrungen aus der engen Zusammenarbeit mit vielen Geschäftsführern und Topmanagern aus der »Fortune 500«-Liste.* Er legte dar, dass Führungskräfte in Kontakt kommen müssten mit ihren Gefühlen des Schmerzes, der Verletzlichkeit und der Demut, gelegentlich auch einer tiefen Scham, damit sie von guten zu exzellenten Führungskräften

* »Fortune 500« ist ein Ranking, welches das Wirtschaftsmagazin *Fortune* jedes Jahr erstellt und das die 500 renditestärksten Unternehmen der USA aufführt. (Anm. d. Übers.)

werden könnten. Das könne zum Beispiel ganz schlicht darin bestehen, sich den Schmerz des Menschseins einzugestehen oder das schmerzhafte Gefühl, andere im Stich gelassen, es aber vertuscht zu haben (wie es so viele von uns tun). Oder es sei der Schmerz aus einer schwierigen, nicht idealen Kindheit, aus gescheiterten Beziehungen oder traumatischen Ereignissen. Diesen Schmerz zu fühlen, habe diesen Managern eine Ahnung vermittelt, wie viel mehr möglich sein könnte, wenn streng kontrollierte Energien und Gefühle befreit würden, und dies wiederum habe sie zu authentischeren und fürsorglicheren Führungspersonen gemacht.

Das ist es, was Achtsamkeitspraxis ermöglicht, und das ist die Chance, die sie bietet. Achtsamkeit bedeutet wahrnehmen, hinschauen, hinsehen, hinhören, um zu verstehen, was los ist. Das heißt auch: Weder greifen wir nach dem, was wir wollen, noch schieben wir weg, was uns missfällt. Beides nicht zu tun, fällt uns nicht leicht, doch die Übung, Schmerz direkt zu fühlen und zu sehen, ihn anzunehmen und zu verwandeln, kann eine ganz besondere Herausforderung darstellen. Wie aber Bill George klargemacht hat, ebnet diese Übung oft den Weg von »gut« zu »großartig«, denn sie enthüllt, wie weit unser Herz werden kann (im Allgemeinen viel weiter, als wir denken). Den Schmerz an sich heranlassen: Das verbindet uns mit unserem gemeinsamen Menschsein und mit allem Leben, es stärkt uns und es verbessert unsere Fähigkeit, zuzuhören und zu handeln.

Wenn wir uns erlauben, die Tiefe des eigenen Leidens zu fühlen, dann entdecken wir paradoxerweise vielleicht, dass dieser Raum sehr voll ist – voller tiefer Verbundenheit mit uns selbst und mit anderen, voller Hoffnung und Sinnerfüllung, jenseits unseres normalen Denkens.

Streng genommen ist Schmerz nicht ganz das richtige Wort für das, was bei dieser Praxis passiert. Vielleicht wäre »leer« manchmal besser. Nehmen Sie Kontakt auf zu der Leere, der Traurigkeit, der Hilflosigkeit, von denen die menschliche Grundsituation geprägt ist. Dieser universale Schmerz kann erlebt werden als der Schmerz unseres fundamentalen Alleinseins, als Schmerz durch Veränderung oder als Schmerz, der entsteht, wenn man sich gegen Veränderung sträubt oder sie vermeidet. Der

Schmerz, nicht zu bekommen, was wir möchten, oder zu bekommen, was wir nicht möchten. Der Schmerz, das eigene Leben nicht kontrollieren zu können; der Schmerz des Alterns und des Krankseins. Der Schmerz, Kinder, Familien und Freunde beschützen zu wollen und zu wissen, dass wir niemanden gegen Traurigkeit, Veränderung und Verlust abschirmen können, nicht einmal uns selbst. Der Schmerz angesichts von Unrecht, Armut, Grausamkeit und Gewalt, die wir hier mit ansehen oder von der wir im Rest der Welt hören und lesen. Und schließlich der Schmerz, zu wissen, dass wir alles und jeden verlieren werden; Menschen, die wir kennen, werden sterben. Wir werden sterben.

Das meine ich mit der Meditationspraxis »Den eigenen Schmerz berühren«.

Das Überraschende aber, und was Bill George bei den Führungskräften erlebt hat, mit denen er gearbeitet hat, ist: In dem, was schmerzhaft und unangenehm scheint, verbirgt sich oft das, was im Leben am allerwichtigsten ist. Wenn wir unser Unbehagen anschauen, fühlen und zulassen, erleben wir oft das, was wir am dringendsten lernen müssen, was für uns am bedeutsamsten ist. Dass ich mich meinem Schmerz zugewandt und ihn zugelassen habe, war ganz wesentlich, damit ich entdecken konnte, was das Wichtigste ist, ob in einer Führungsrolle oder in anderen Bereichen des Lebens. Das ist der positive Beitrag des vierten Prinzips, das sich für mich immer und immer wieder bestätigt hat.

Die Vier Edlen Wahrheiten

Den Schmerz zulassen: Das war die erste und vielleicht wichtigste Lehraussage des historischen Buddha vor mehr als 2500 Jahren. Es ist die erste von insgesamt vier »edel« genannten Wahrheiten. Die erste konstatiert die unvermeidlichen, offensichtlichen Fakten dieser Welt: Unangenehmes, Krankheit, Alter und Tod suchen jedes Wesen heim (wenn wir Glück haben). Die Zeit, die Veränderung, die Vergänglichkeit sind das einzig

Beständige. Alles andere geht zu Ende. Schon damals war das keine Sensationsmeldung, aber die erste Wahrheit des Buddha ist: Das Menschendasein ist echt eine harte Nummer.

Die nächsten beiden Wahrheiten kommen ein bisschen unerwartet. Die zweite sagt, dass unser Unbehagen oder Leiden nicht durch Vergänglichkeit und Leere oder irgendeine Situation per se verursacht wird. Leiden entsteht aus unserem Versuch, Unangenehmes zu vermeiden. Darauf sagt die dritte Edle Wahrheit, dass wir uns nur befreien können, wenn wir das Unangenehme annehmen, zulassen und transformieren. Mit Veränderung, Schmerz und den Ursachen unseres Schmerzes geschickt umzugehen und sie geschickt zu bewältigen: Das ist die Quelle der Freiheit, der Befriedigung und des Glücks.

Und schließlich beschreibt die vierte Edle Wahrheit, was der Buddha als Weg dahin empfahl. Es sind dies die Meditationsübungen, die uns alle Bereiche unseres Lebens klarer sehen helfen – Einstellung, Denken, Achtsamkeit, Sprache, Handeln, Lebensunterhalt, Anstrengung und Meditationspraxis.

Deshalb fasst das vierte Prinzip dieses Buches, »Den eigenen Schmerz berühren«, im Grunde die ersten drei Edlen Wahrheiten des Buddha zusammen: Gestehe ein und akzeptiere, was wehtut, und nutze das als Richtschnur, um herauszufinden, was das Wichtigste ist und was man dazu am besten tut.

Ich glaube, dass das eines der Dinge ist, das die Arbeit in der Küche eines Zen-Klosters so unglaublich intensiv gemacht hat, und der Grund, weshalb ich daraus immer noch Erkenntnisse ziehe, was Führung ist. Menschen, die sich die Zen-Praxis ausgesucht haben, verbergen im Allgemeinen die Tatsache nicht, dass es in ihrem Leben etwas extrem Schmerzhaftes gibt oder etwas Wichtiges fehlt. Wenn wir in der Küche zusammenarbeiteten, war dieses Schmerzvolle oft mit Händen zu greifen. Und doch war es heilend, diesen Schmerz zuzulassen, meistens durch Güte und Anteilnahme, mitten in der Hektik der Küchenabläufe, und es entwickelte uns charakterlich weiter und verhalf uns zu Höchstleistungen.

Das Gute am Schmerz: Problemalarm!

Diese Praxis, emotionales Unbehagen einzugestehen und an sich heranzulassen, wirkt vielleicht etwas seltsam und auf den ersten Blick überhaupt nicht einleuchtend. Wer möchte sich schon mies fühlen? Also ich nicht. Körperlicher oder emotionaler Schmerz ist nicht gerade das, worauf ich abfahre. Ich werde schnell ohnmächtig, nicht nur, wenn ich Blut sehe, sondern schon beim Gedanken, Blut abgenommen zu bekommen. Vor ein paar Jahren stellte ich mich einer neuen Ärztin vor, und bei der Eingangsuntersuchung fragte sie mich, wie ich auf Spritzen und Nadeln reagieren würde. Bevor ich etwas sagen konnte, war mir schon ein bisschen schwummrig.

Als Abkömmlinge des nervösen Affen sind wir von all den existenziellen Gefahren, die uns drohen, schnell überwältigt. Unsere Gefühle und unser emotionales Leben sind sehr fragil, verändern sich dauernd und sind von uns nicht kontrollierbar. Egal, wie glücklich und lang unser Leben sein mag, die Welt geht uns ständig auf die Nerven: Familie und Freunde verschwinden, unser Augenlicht wird schlechter, das Gedächtnis lässt nach, wir können nicht mehr so rennen wie früher, Firmen gehen pleite und wir verlieren den Job, andere enttäuschen uns, die Rechnungen nehmen überhand, Sachen gehen kaputt und so weiter.

Wer will das schon sehen? Aber es kommt noch dicker. In uns haben wir nämlich einen inneren Kritiker und Bedenkenträger. Wir leiden, wenn wir nicht bekommen, was wir wollen (oder womöglich genau das bekommen, was wir auf keinen Fall wollten). Wenn wir unsere Ziele nicht erreichen, gibt es innerlich Prügel; wir erleben Depression, Schuldgefühle, Vorwürfe und andere mentale und emotionale Unannehmlichkeiten. Das ständige Drama des Alltags stresst uns.

Unsere Kultur und Gesellschaft sind keine große Hilfe. Der Großteil unserer Unterhaltungsindustrie und unseres Gesundheitswesens scheint vor allem darauf aus, Unbehagen zu vermeiden oder Symptome zu bekämpfen, ohne die Ursachen zu beheben. Bei den ersten Anzeichen von emotionalem oder körperlichem Unbehagen lenken wir uns ab und schlucken eine Pille. In der Einleitung habe ich die Gefühllosigkeit und Verdrängung beschrieben, die nicht nur meine Reaktion auf das Unbehagen in der Pubertät prägte, sondern die Reaktion von allen, die ich kannte. Manche Menschen töten Emotion ab, um nur ja keinen Schmerz erleben zu müssen.

Das ist ein Fehler. Denn gefühllos und im Tiefschlaf zu sein, bringt nur die Illusion, man fühle keinen Schmerz. Wir fühlen ihn immer noch und das aus gutem Grund: Schmerz ist hilfreich.

Das ist die Wahrheit: Schmerz ist sehr sinnvoll! Und statt zu verzweifeln, wenn er kommt, könnten wir auch probieren, ihn willkommen zu heißen. Schmerz hilft uns, Probleme zu identifizieren; Schmerz sorgt dafür, dass wir nicht übersehen, was uns wehgetan hat. Wenn es um körperlichen Schmerz geht, verstehen wir das intuitiv, wenn es um emotionalen Schmerz und existenzielle Krisen geht, aber nicht.

Unser Körper ist wahnsinnig fragil. Wir sind Krankheiten ausgesetzt und sehr verletzlich. Eine stinknormale Erkältung, Zahnweh oder Rückenbeschwerden können uns tagelang die Laune verderben. Der Weltgesundheitsorganisation WHO zufolge kennt die moderne Medizin mittlerweile rund 30.000 Krankheiten, und für drei Viertel davon ist noch keine Therapie bekannt.

Und doch suchen wir beim ersten Anzeichen einer Erkältung, Krankheit oder Verletzung sofort Rat oder ein Gegenmittel. Wenn der Schmerz besonders schlimm oder die Symptome sehr ernst sind – sagen wir, wir stolpern und stellen fest, dass der Knöchel unser Gewicht nicht mehr trägt –, dann kommt alles zum Erliegen. Bis die Ursache korrekt ermittelt ist und angemessen behandelt wird, muss das normale Leben warten. Sonst, wenn wir den Schmerz wochen-, monate- oder jahrelang unbehandelt lassen, herumhumpeln und jedem versichern: »Alles gut, kein Problem, mir geht's gut«, dann wissen wir: Das Problem wird immer schlimmer werden, bis es nicht mehr heilbar ist; bis wir vielleicht ein Leben lang verkrüppelt bleiben.

Warum gehen wir mit emotionalem Leiden nicht genauso um?

Sich nicht abwenden: Über den Schmerz meditieren

Was bedeutet es, wenn der Buddha sagt, dass Freiheit und Glück davon abhängen, dass wir Unangenehmes annehmen? Im Westen wurde diese Einsicht von dem römischen Kaiser Marc Aurel zum Ausdruck gebracht, dessen berühmter Ausspruch lautete: »Wenn du von etwas Äußerlichem beunruhigt wirst, so rührt der Schmerz nicht von der Sache selbst her, sondern von deiner Einschätzung davon: und dies rückgängig zu machen, steht jederzeit in deiner Macht.« Klingt gut, aber wie gelingt es uns, Unangenehmes zu transformieren? Nicht indem wir es vermeiden, sondern indem wir immer vertrauter damit werden.

Der wirkungsvollste Weg, Schwierigkeiten und Schmerz zu transformieren, besteht darin, Licht auf die Gefühle und Assoziationen dieses Schmerzes zu werfen. Licht darauf zu werfen und besser zu verstehen. Dasselbe ließe sich über den Großteil aller emotionalen und körperlichen Schmerzen sagen – ein besseres Verständnis führt zu mehr Wahlmöglichkeiten und mehr Freiheit.

Ich traf neulich den Manager eines großen Dienstleistungsunternehmen wieder, den ich lange Jahre beraten hatte. Er vertraute mir an, dass sein Vater kürzlich gestorben sei. Er sagte mir, er sei so froh, dass er bei der Arbeit so viel zu tun habe, dass er den Schmerz über den Verlust nicht spüren müsse. Ich schlug ihm vor, eine andere Strategie auszuprobieren – sich Zeit für die eigenen Gefühle zu geben, zu verarbeiten, was er an seinem Vater gemocht hatte und was ihm nun fehlte. Und sich notfalls von Freunden, der Familie oder einer Therapeutin auch Unterstützung zu holen.

Wenn es um emotionalen Schmerz geht, besteht die effektivste und angemessenste Antwort schlicht darin, jeden Schmerz akzeptierend willkommen zu heißen (und auch wahrzunehmen, wie man sich sträubt, unangenehme Gefühle auszuhalten).

Meditation: Schmerz beobachten

Hier ist eine kurze geführte Meditation, mit der man sich in Schmerzhaftes »hineinlehnen« kann.

Suchen Sie sich als Erstes einen Platz, wo Sie sowohl entspannt als auch hellwach sein können. Lenken Sie Ihre Aufmerksamkeit sanft auf den Körper, und wählen Sie bewusst, wie Sie sitzen wollen. Stellen Sie die Füße mit der ganzen Sohle auf den Boden. Entscheiden Sie, wie Sie die Hände halten wollen: Handflächen nach oben oder nach unten, auf den Oberschenkeln oder im Schoß. Setzen Sie sich etwas aufrechter hin als normal. Entspannen Sie Schultern und Kiefer. Nehmen Sie wahr, wo etwas festhält, und schauen Sie, ob Sie entspannen können (mit ein bisschen Energie dabei).

Achten Sie nun auf Ihren Atem. Nur wahrnehmen, ohne etwas ändern zu wollen. Nehmen Sie jeden Einatem und jeden Ausatem wahr. Achten Sie vor allem auf den Ausatem.

Schauen Sie nun auf Ihren denkenden Geist. Nehmen Sie Ihre Gedanken einfach wahr und lenken Sie dann die Aufmerksamkeit wieder auf Körper oder Atem.

Lenken Sie die Aufmerksamkeit nun auf Ihre Gefühle (was immer Sie gerade fühlen). Ohne etwas erzwingen oder ändern zu wollen, lassen Sie hochkommen, was nach Traurigkeit, Sehnsucht oder Leere aussieht. Wo im Körper spüren Sie das emotionale Unbehagen?

Nach einer kurzen Zeit lenken Sie die Aufmerksamkeit wieder auf Atem und Körper. Wie beeinflusst die Aufmerksamkeit auf Unangenehmes Ihren Atem? Richten Sie dann Ihre Aufmerksamkeit darauf, was an diesem Tag als Nächstes ansteht und wie Sie solche Übungen in Ihre Beziehungen und Ihre Arbeit integrieren könnten.

Wahrnehmen, wenn Sie nicht (mehr) im Einklang sind

Eine Form des Unbehagens oder Schmerzes entsteht, wenn unser Leben nicht mehr im Einklang mit unseren Zielen steht, zum Beispiel, wenn unsere Tätigkeit nicht mehr zu unseren Werten passt oder wenn wir uns verändert haben, aber unser Leben nicht. Wenn wir merken, dass wir nicht mehr im Einklang sind, können wir wahrnehmen, wie wir die Ereignisse unseres Lebens beschreiben und welche Geschichten wir stricken, um dem Ganzen einen Sinn zu geben. Der fantasiebegabte Affe kann das besonders gut.

In Einklang mit unseren tiefsten Werten zu kommen, unserem tiefsten Selbstgefühl, fängt oft mit der Erkenntnis an, dass wir nicht mehr im Einklang sind. Wenn Sie einen Hauch von Entfremdung und Unbehagen bei Ihrer Arbeit verspüren, im Job, in Ihrer Karriere: Achten Sie aufmerksam darauf! Aus dem Einklang zu geraten, kann durch unbedeutende Kleinigkeiten passieren – man merkt beispielsweise, dass irgendeine Tätigkeit oder Entscheidung beunruhigend ist, unbefriedigend oder einfach nicht passt. Oder es kann auf tiefgreifende Weise geschehen – man realisiert, dass eine Karriere oder wichtige Beziehung zur Quelle regelmäßigen Unbehagens geworden ist, statt eine Quelle der Zufriedenheit und Freude zu sein.

Ich erinnere mich noch genau an den Tag, es ist fünfzehn Jahre her, als ich mein Büro bei Brush Dance betrat und erkannte: Zeit, ein neues Kapitel aufzuschlagen. Ich hatte den Verlag vierzehn Jahre zuvor gegründet; die Firma war für mich wie ein Kind, das ich geboren und großgezogen hatte. Es war ein langer Weg gewesen, mit vielen Höhen und Tiefen, vor allem in den Anfangsjahren, in denen ich mein Start-up von einer Garage aus geführt hatte, und dennoch war ich extrem stolz, wie erfolgreich ich die Firma zum Wachstum geführt hatte. Zu dieser Zeit hatten wir rund fünfzehn Angestellte, machten 2,5 Millionen Dollar Umsatz und entwarfen, produzierten und vertrieben Glückwunschkarten, Kalender und Notizbücher über Borders, Barnes & Noble, Amazon und Target sowie an Hunderte von Buchhandlungen und Geschenkläden auf der ganzen Welt.

Dann, eines Morgens gegen acht Uhr, kam ich ins Büro, ging an meinen Schreibtisch und wollte mich gerade setzen, als ich eine feine, aber klare Stimme hörte, die sagte: *Mein Herz ist nicht mehr hier. Dies ist nicht mehr der Platz, an dem ich sein sollte.*

Ich wollte diese Stimme nicht hören, ich fühlte mich sofort schlecht, war aufgewühlt und beklommen. Wenn ich auf diese Stimme hörte, dann bedeutete das, alles zu verändern und nicht nur mein Geschöpf und meinen Lebensunterhalt aufzugeben, sondern ein großes Stück meiner Identität: als Gründer und Geschäftsführer, als Schöpfer inspirierender Produkte, als Pionier umweltbewussten Wirtschaftens, als erfolgreicher Unternehmer. Ich versuchte, die Stimme zu ignorieren, und hoffte, sie würde verschwinden. Herr im Himmel, wer wäre ich und was würde ich machen, wenn ich nicht diese Rolle hätte? Es war ein schrecklicher Gedanke.

Kurz danach hatte ich ein denkwürdiges Frühstücksmeeting mit Shina Richardson, einem Mitglied des Vorstands, die auch Investorin, Freundin und Mentorin für mich war. Shina war etwa fünfzehn Jahre älter als ich, hatte auffallend weißes Haar und durchdringende blaue Augen. Sie war Geschäftsführerin einer erfolgreichen Immobilien- und Pensionsfondsgesellschaft gewesen und war sehr intuitiv, mit einer Aura des Tiefen und Rätselhaften.

Während des Frühstücks schaute sie mir direkt in die Augen und sagte: »Marc, ich glaube, es ist Zeit für dich, bei Brush Dance aufzuhören.«

Ich nahm an, dass sie mich und meinen Führungsstil kritisieren wollte, und schämte mich. Bevor ich meine Gedanken ordnen und etwas antworten konnte, fuhr sie fort: »Es warten in deinem Leben noch viel größere Dinge auf dich, als diesen kleinen Verlag zu leiten.«

Ich war sofort erleichtert. Ich fühlte mich aufgebaut und gleichzeitig hatte ich das Gefühl, über einem Abgrund zu schweben. Der Kommentar verwirrte und überraschte mich.

»Zum Beispiel?«, fragte ich. »Wie meinst du das, ›Es warten in meinem Leben noch viel größere Dinge auf mich‹?«

Sie sagte: »Das wirst du selbst herausfinden müssen. Komm, wir gehen in einen Buchladen.«

Ende des Gesprächs.

Dieses Meeting, das mir den Mut gab, mich dem Unbehagen zu stellen, das ich ja bereits spürte, war der Anfang meiner Suche nach einem neuen Einklang und einer neuen Richtung in meinem Leben. Nach dem Gespräch mit Shina erkannte ich, dass ein bedeutendes Kapitel in meinem Leben zu Ende ging und ein neues beginnen musste. Die damalige Suche nach einem neuen Einklang führte zu all dem, was ich seither gemacht habe, und wenn ich zurückdenke, kann ich mir nicht vorstellen, wie unglücklich ich gewesen wäre, wenn ich nicht bei Brush Dance aufgehört hätte. Ich bin dankbar für den Schmerz, für die Stimme, die aussprach, dass es an Einklang fehlte, für meine Freundin, die mir half, mich meinem Unbehagen zu stellen, und für den Mut, bei dem Schmerz zu bleiben und etwas auszuprobieren, zu lernen, zu wachsen.

Die eigene Geschichte erforschen: Eine Chronik erstellen

Diese Übung habe ich bei Google und den Search-Inside-Yourself-Seminaren eingesetzt, um Menschen bei der Erforschung ihrer Lebensgeschichte zu helfen. Wenn Sie sich mit den besten (oder glücklichsten) und den schlimmsten (oder schmerzhaftesten) Momenten Ihres Lebens beschäftigen und identifizieren, können Sie wertvolle Einsichten gewinnen, wie diese Punkte zusammenhängen, und das kann Ihnen helfen, einen größeren Einklang mit dem, was Ihnen am allerwichtigsten ist, anzustreben.

Legen Sie ein Blatt Papier der Länge nach vor sich hin und ziehen Sie mit einem Stift im unteren Bereich einen Strich quer über die Seite. Links unten schreiben Sie Ihr Geburtsjahr hin, rechts unten die aktuelle Jahreszahl. Teilen Sie die Linie in Zehn-Jahres-Schritte ein. Ganz oben auf die Seite schreiben Sie: »Zeiten, in denen ich glücklich und erfolgreich war«, weiter unten, direkt über der Linie, schreiben Sie: »Zeiten, in denen ich unglücklich und erfolglos war«. Nun füllen Sie diese Zeitachse mit allen Ereignissen, Erlebnissen und Geschichten, die Ihnen in den Sinn kommen – die größten Glücksmomente und Erfolge kommen oben hin, mit den dazugehörigen Jahreszahlen, und die größten Schwierigkeiten, Fehlschläge und Verluste kommen unten hin. Insgesamt sollten es mindestens zehn und höchstens zwanzig Ereignisse sein, aber wie Sie möchten.

Als Beispiel hier die Chronik, die ich für mein eigenes Leben bis zu dem Zeitpunkt, wo ich dieses Buch begann, erstellt habe. Nehmen Sie sie als Anregung für Ihre eigene Chronik.

OBEN

1962: Gewinn der örtlichen »Little League World Series« in Colonia, New Jersey, als Pitcher
1976: Beginn des Aufenthalts im Tassajara Zen Mountain Center
1981: Heirat
1983: Geburt von Sohn Jason
1986: Master of Business Administration an der New York University
1987: Geburt von Tochter Carol
1989: Gründung von Brush Dance
2004: Gründung von ZBA Associates und Veröffentlichung des ersten Buches *Zen of Business Administration* (»Zen und die Kunst der Unternehmensführung«)
2012: Gründung des Search Inside Yourself Leadership Institute
2015: Lehrer für Achtsamkeit und emotionale Intelligenz in Japan, mit Übersetzer

UNTEN
1978: Tod des Vaters
1995: Tod der Mutter
2004: Weggang von Brush Dance
2017: Weggang von SIYLI

Wenn Sie nun Ihre Aufzählung von Höhe- und Tiefpunkten anschauen, was fällt Ihnen auf? Wie fühlen Sie sich, wenn Sie sich an die besten und an die schlechtesten Zeiten erinnern? Überrascht Sie irgendetwas an Ihrer Auswahl oder an Ihren Reaktionen?

Welche Einsichten stellen sich ein? Nehmen Sie zum Beispiel wahr, dass irgendeines der negativen Ereignisse immer noch in Ihnen bohrt, immer noch psychischen und emotionalen Raum einnimmt oder dass irgendein Ereignis, das als negativ kategorisiert ist, eigentlich ein wichtiger Übergang war, der zu positiven Veränderungen geführt hat?

Bei meiner eigenen Liste war ich sehr überrascht, dass ich so viel mehr positive als negative Ereignisse hatte. Ich neige dazu, mehr über das Negative nachzudenken. Ich bin auch überrascht über die Macht und Intensität, die die negativen Ereignisse immer noch haben, verglichen mit den positiven.

Unsere Geschichte ist eine Erzählung. Wie Daniel Kahneman sagt, scheinen wir ein erlebendes Selbst und ein erzählendes Selbst zu haben. Und diese Übung ist ein Weg, um zu erforschen, wie diese beiden Teile in Ihnen interagieren und um daraus zu lernen.

VERSUCHEN SIE FOLGENDES: Nehmen Sie einen der Momente, die Sie in Ihrer Chronik als Tiefpunkt eingeordnet haben. Schreiben Sie mindestens zwölf Minuten lang etwas über dieses Ereignis. Schreiben Sie einfach, ohne zu korrigieren oder zu viel nachzudenken. Danach lesen Sie, was Sie geschrieben haben. Was lernen Sie dabei? Wie könnten diese Einsichten Ihr Leben positiv beeinflussen?

Mies drauf – mit Absicht!

Die Strategien, die ich mir in Bezug auf emotionalen Schmerz sehr früh zu eigen machte, waren Verleugnung und Verdrängung. Ich wuchs mit einem manisch-depressiven Vater auf und die Spannungen und die nervöse Unruhe in unserem Haus waren mit Händen zu greifen, aber schwierige Themen und Gefühle (Gefühle überhaupt, ob positiv oder negativ) wurden selten angesprochen. Diese Strategie schien für meine Eltern zu funktionieren, und ich fühlte mich sicher, wenn ich meine emotionale Anspannung ignorierte und meine Aufmerksamkeit nach außen richtete: auf mein tägliches Leben, auf gute Noten in der Schule, auf Kriminalromane wie *The Hardy Boys* und so weiter.

Heute sind es über vierzig Jahre, dass ich Zen-Meditation praktiziere. Ich lehre Führungskräfte und Geschäftsleute auf der ganzen Welt Achtsamkeit und emotionale Intelligenz. Gegenüber denen, die ich unterrichte, lasse ich manchmal durchblicken, wie seltsam ich mir manchmal vorkomme und wie sehr ich in meinem eigenen Leben als Führungsperson, Ehegatte und Vater zu kämpfen habe, um ein Beispiel für emotionale Intelligenz zu sein. Manchmal lasse ich auch durchblicken, dass meine Frau es ziemlich seltsam findet, dass ausgerechnet *ich* emotionale Intelligenz unterrichte!

Um etwas gegen meine Tendenz zum Verdrängen und Vermeiden von Stress und Schmerz zu tun, habe ich angefangen, eine Übung zu praktizieren, die ich »Mies drauf – mit Absicht« nenne. Ungefähr einmal im Monat öffne ich mich in meiner Morgenmeditation absichtlich und bewusst meinem ganzen Stress, Schmerz und Unbehagen. Ich reflektiere und fühle alle Traurigkeit und Leere in meinem Leben, im Leben der Menschen um mich herum und in der Welt. Ich lass einfach alles zu, voll und ganz. Starke Emotionen und Tränen kommen hoch und ich nehme sie an. Sie kommen und gehen. Oft folgen diesen starken Schmerzgefühlen starke Gefühle der Ehrfurcht und Verbundenheit.

VERSUCHEN SIE FOLGENDES: Eine weitere Übung, die ich vor Kurzem gelernt habe, heißt »Ein Atemzug weniger«. Machen Sie sich bewusst, dass jeder Atemzug, den Sie machen, ein Atemzug weniger für dieses Leben ist. Der Zweck der Übung ist, dass Sie Ihr Leben genau jetzt wertschätzen und nichts als selbstverständlich betrachten.

Dinge in die richtige Perspektive rücken

Ende 2016 entdeckte ich, dass ich Prostatakrebs hatte (der seitdem therapiert wird). Nach der ersten Diagnose recherchierte ich ein bisschen und lernte, dass dieser Krebs bei Männern über sechzig sehr häufig ist und die Medizin bei diesem Krebs früher die Tendenz zur Überreaktion hatte. Mittlerweile fällt ein großer Teil der betroffenen Männer in eine Kategorie, die man »Beobachten und Abwarten« nennt, was bedeutet, dass statt einer sofortigen Gegenreaktion in Form von Operation oder Bestrahlung diese Männer sich einfach regelmäßig untersuchen lassen und abwarten, wie schnell der Krebs wächst (oder ob überhaupt). Prostatakrebs wächst oft sehr langsam und manche Männer brauchen überhaupt keine Behandlung.

Nach den ersten Untersuchungen und Diagnosen hoffte ich, in diese Kategorie zu fallen. Im wachsamen Beobachten und anderen Formen des Vermeidungsverhaltens bin ich nämlich echt gut! Leider teilte mir mein Arzt – wie auch zwei weitere, bei denen ich eine Zweit- und Drittmeinung eingeholt hatte – mit, dass ich nicht zu dieser Kategorie gehörte. Mein Krebs war ausgeprägter und aggressiver. Ich musste etwas tun.

Als ich mich über die verschiedenen Behandlungsalternativen informierte, erfuhr ich, dass eine häufige Nebenwirkung von Therapien wie Operation oder Bestrahlung eine nachlassende Sexualfunktion sei. Das ging für mich ans Eingemachte und spielte eine große Rolle bei meiner Entscheidungsfindung. Eines Tages machte mir dann aber ein befreundeter Arzt mit weisen Worten klar: »Wenn du tot bist, hast du auch kein gutes Sexualleben mehr.«

Den Schmerz zuzulassen, mit einer Prise Humor, kann sehr viel helfen, wenn schwierige Entscheidungen zu treffen sind, denn es hilft uns, die Perspektive zurechtzurücken.

Den eigenen Schmerz berühren

Zentrale Übungen

- Lassen Sie Schmerz zu und stellen Sie sich ihm, denn das hilft uns, zu lernen, was wirklich wichtig und bedeutsam ist.
- Denken Sie daran: Emotionaler Schmerz ist ebenso wie körperlicher Schmerz ein sinnvolles Signal dafür, dass ein Problem der Aufmerksamkeit bedarf.
- Üben Sie Meditation als eine Methode, Unangenehmes zu erforschen.
- Nehmen Sie wahr, wenn sich Ihr Leben nicht mehr im Einklang befindet; hören Sie auf Ihre Intuition und Ihre Gefühle der Unzufriedenheit und des Unbehagens.
- Erforschen Sie Ihre persönliche Geschichte und Ihre Einstellung zu positiven und negativen Ereignissen, indem Sie eine Chronik erstellen.
- Um Verleugnung und Verdrängung zu vermeiden, lassen Sie es gelegentlich zu, absichtlich »mies drauf« zu sein, und fühlen Sie sich in die Grundbedingungen unseres Menschseins ein, die allen gemeinsam ist.
- Machen Sie die Übung »Ein Atemzug weniger«, um das Leben wertschätzen zu lernen und nichts für selbstverständlich zu halten.
- Rücken Sie die Dinge in die richtige Perspektive, indem Sie schmerzhaften Situationen nicht aus dem Weg gehen.

Teil II

SICH VERBINDEN

PRINZIP 5

Den Schmerz der anderen berühren

Wenn Sie wollen, dass andere glücklich sind, praktizieren Sie Mitgefühl.
Wenn Sie selbst glücklich sein wollen, praktizieren Sie Mitgefühl.

TENZIN GYATSO,
XIV. DALAI LAMA

Seit mehr als zwanzig Jahren, seit ich Geschäftsführer von Brush Dance wurde, bin ich Mitglied des »Social Venture Network« (SVN), einer gemeinnützigen Organisation, die auf dem Gebiet sozial engagierten Wirtschaftens Pionierarbeit geleistet hat. Das SVN hat mehr als fünfhundert Mitglieder, und es veranstaltet zwei jährliche Konferenzen, eine im Herbst an der Westküste und eine im Frühjahr an der Ostküste.

Ich erinnere mich noch genau an eine der ersten dieser Konferenzen etwas außerhalb von New York. Ein paar Hundert Geschäftsleute und Topmanager von kommerziellen und gemeinnützigen Firmen und Organisationen saßen in großen konzentrischen Kreisen versammelt. Ram Dass, ein frühes SVN-Mitglied, stand im Mittelpunkt, sprach zu der Gruppe und moderierte die Diskussion. Als er eine Pause machte, hob der Geschäftsführer eines großen, erfolgreichen Industrieunternehmens die Hand und bekam das Mikrofon. Er brachte zum Ausdruck, dass er sich als Außenseiter fühle, sich sogar ein bisschen wie ein Hochstapler vorkomme, und dass er nicht das Gefühl habe, in diese Gruppe zu gehören. Er sei nicht so erfolgreich, und sein Geschäft habe nicht so viel sozialen Einfluss, als dass er in diesem Kreis sitzen dürfe. Dann bekam ein anderes langjähriges Mitglied der Gruppe das Mikro und äußerte, sich auch so zu fühlen, und zwar aus ähnlichen Gründen. Während das Mikro herumging, verkündeten noch ein paar andere prominente Mitglieder der Gruppe, dass sie dieses Gefühl des Nichtdazugehörens teilten.

Ich als Neuling in diesem Verein war überrascht. Aus meiner Perspektive gesehen war jeder, der etwas gesagt hatte, sowohl geschäftlich erfolgreich als auch ein prominentes, langjähriges SVN-Mitglied. Wenn sich sogar diese Leute als Außenseiter fühlten, dann gehörte ich mit meinem zarten Pflänzchen namens Brush Dance und einem Umsatz unter einer Million wahrscheinlich auch nicht dazu.

Als Ram Dass das Mikrofon zurückbekam, dankte er allen für ihre Ehrlichkeit und Offenheit. Natürlich hatte er die Mitglieder nicht darum gebeten, solchen Zweifeln Ausdruck zu geben, und es auch nicht erwartet, aber er hörte ihnen zu und erkannte den Schmerz und die Sehnsucht an, die auf so bewegende Weise geäußert worden waren. Dann schlug er vor, wir sollten unseren Schmerz und unsere Verletzlichkeit als Ausgangspunkt nehmen, um von da aus Vertrauen zu entwickeln und echte Lösungen für die drängenden Probleme unserer Gesellschaft und der Welt insgesamt zu finden.

Ich glaube, dass jeder dort in diesem Raum auf die eine oder andere Art etwas mit dem Schmerz des Nichtdazugehörens anfangen konnte. Ich bin davon überzeugt, dass es ein universales menschliches Verlangen ist, zu einer Gruppe zu gehören, zu einer guten Sache, einer Gemeinschaft, zu irgendetwas, das größer ist als unser persönliches Ich. Das ist es, was der empathische Affe sucht – Verbundenheit –, und es schmerzt uns, wenn wir ausgeschlossen werden oder das Gefühl haben, nicht richtig hineinzupassen oder nicht richtig dazuzugehören. Wir leiden, wenn wir uns abgeschnitten fühlen, ob nun von einem einzelnen Mitmenschen oder einer ganzen Gruppe, und dieses Verlustgefühl könnte ebenfalls universell sein. Irgendwann fühlt sich jeder einmal allein, isoliert, als Außenseiter.

Bei dieser SVN-Konferenz war es so, dass diese Selbstaussagen über Schmerz, Isolation und Sehnsucht, über dieses Gefühl des Mangels, die Gruppe im Endeffekt enger zusammenrücken ließen. Durch unser gemeinsames menschliches Verlangen nach Verbundenheit fühlten wir uns verbunden. Für den Rest dieses Tages und die folgenden Konferenztage fühlten sich die Menschen einander nah und vertraut – wir teilten die Vertrautheit, zusammen Außenseiter zu sein, eine Zusammengehörigkeit, die, da es nicht anders ging, eben durch das Gefühl des Nichtdazugehörens entstand. Das war ein ziemlich unerwartetes und paradoxes Resultat: Alle fühlten sich mehr miteinander verbunden, weil sie ihre Verletzlichkeit und ihr Bedürfnis nach Zugehörigkeit miteinander geteilt hatten.

VERSUCHEN SIE FOLGENDES: Schreiben Sie etwas über Ihre Gefühle des Dazugehörens und Nichtdazugehörens.

Zu welchen Gruppen gehören Sie?
Wann fühlen Sie sich, als würden Sie nicht dazugehören?
Was untergräbt Ihre Gefühle der Zugehörigkeit?
Was unterstützt Ihre Gefühle der Zugehörigkeit?

Führen heißt: Gemeinschaft und Verbundenheit stärken

Das fünfte Prinzip in diesem Buch könnte sehr wohl die wichtigste Kompetenz überhaupt sein, nicht nur in Bezug auf die Kunst, exzellent zu führen, sondern auch bei der Schaffung einer friedlicheren Welt. Schon oft habe ich den Wandel erlebt, der binnen kurzer Zeit stattfinden kann, wenn Menschen sich tief wahrnehmen und sich ihrer gemeinsamen Menschlichkeit öffnen: dem universellen Wunsch, glücklich und mit anderen verbunden zu sein, und dem universalen Schmerz, wenn sie es nicht sind. Die kraftvolle Meditationspraxis »Den Schmerz der anderen berühren« ist ein Schlüsselelement für jeden, der führen, die Zielstrebigkeit einer Gruppe fördern und die persönliche Entwicklung und innere Stärke jedes Mitgliedes unterstützen will.

Wie in Prinzip 4 bezieht sich auch in diesem Prinzip das Wort »Schmerz« im Grunde auf die universale menschliche Erfahrung von Unbehagen und Verlust. Während natürlich körperlicher Schmerz und die individuelle Situation eines jeden dazugehören, geht der eigentliche Blick etwas tiefer, nämlich auf das Erkennen des emotionalen Schmerzes, den alle erleben: Vergänglichkeit, Veränderung, Entfremdung sowie das Bewusstsein, dass Verlust, Alter, Krankheit und Tod drohen. Und gemeint ist auch der Schmerz, der in unserem Selbstgefühl steckt: dass wir als Individuen getrennt voneinander sind und trotzdem innerhalb einer Gemeinschaft eingebunden sein möchten.

Als Abkömmlinge des empathischen Affen haben wir uns evolutionär dahingehend entwickelt und strukturiert, dass wir die Emotionen von anderen fühlen können. Dies ist die Definition von Empathie, und sie schließt alle Gefühlszustände ein, sowohl physische als auch emotionale. Mehr noch: Wir sind mit anderen weit mehr verbunden, als wir für gewöhnlich wahrnehmen oder uns vorstellen können (eine Unzahl wissenschaftlicher Studien hat dies erwiesen). Wir werden von den Hormonen und der Körperchemie von anderen Menschen so sehr beeinflusst, dass Frauen, die zusammenleben, sogar synchrone Menstruationszyklen haben. Es ist bewiesen, dass positive und negative Emotionen ansteckend sein können. Solche Dinge spiegeln unsere gemeinsame, gemeinschaftliche Erfahrung so stark wider, dass man es fast nicht mehr extra betonen muss: Unsere Gefühle und Emotionen sind auf mächtige Weise miteinander verbunden.

Wir könnten nun den Fehler machen, zu denken, dass wir den Schmerz von anderen nicht teilen müssen. Das passiert vor allem Führenden, und es gibt Anhaltspunkte dafür, dass eine größere Autorität als Führungsperson mit einem Mangel an Empathie korreliert. Irgendwie denken wir Menschen (obwohl wir dafür gemacht sind, unsere Emotionen gegenseitig zu erkennen) immer wieder, wir könnten uns da raushalten. Warum tun wir das? Ich bin mir nicht sicher, aber es gibt ein paar sehr wahrscheinliche Gründe. Einer ist: Distanzierung befreit uns scheinbar von jeder Verpflichtung. Wenn ich mit Ihnen nichts zu tun habe und Ihr Schmerz ist nicht meiner, dann muss ich nichts dagegen unternehmen. Ein anderer weitverbreiteter Grund ist wahrscheinlich, dass wir unseren *eigenen* Schmerz nicht fühlen wollen. Wir versuchen oft alles, um den Schmerz eines anderen ja nicht miterleben oder teilen zu müssen, zum Beispiel seine oder ihre Einsamkeit oder Trauer, denn das würde heißen, uns zu der eigenen bekennen zu müssen. Deswegen ist es leichter, ein empathischer Affe zu sein, wenn die anderen glücklich sind, und viel schwerer, wenn sie es nicht sind.

Und doch ist Empathie eine Kernkompetenz erfolgreicher Führung, ein unverzichtbarer Teil des Menschseins und ein Teil unserer gemeinsamen Menschlichkeit. Sie werden entdecken (wie ich hoffe), dass es unsere Fähigkeit, tiefe Sicherheit und Zufriedenheit zu empfinden, im Gegenteil paradoxerweise unterstützt und steigert, wenn wir lernen, den Schmerz von anderen auf kluge Weise anzunehmen; es fördert ein tiefes Gefühl der Zugehörigkeit. Letzten Endes bringt es unsere Freiheit ans Licht, unsere tiefsten Wahrheiten zum Ausdruck zu bringen und anderen zu helfen, dasselbe zu tun. Diese Praxis zielt darauf ab, Ihren Geist und Ihr Herz so zu bilden, dass Sie tiefer auf andere eingehen, indem Sie ihr Erleben und ihre Perspektive anerkennen und nachvollziehen, die menschlichen Gemeinsamkeiten sehen und spüren und Mitgefühl kultivieren – die Praxis der Freundlichkeit.

Die vier apokalyptischen Reiter

Dr. John Gottman hat untersucht, welche Faktoren dazu beitragen, dass Ehepaare entweder zusammenbleiben oder sich scheiden lassen. Er stellte öfters unter Beweis, dass er ein Paar nur fünf Minuten zu beobachten braucht, um mit über 90-prozentiger Wahrscheinlichkeit voraussagen zu können, ob dieses Paar zusammenbleiben oder sich trennen wird. Dr. Gottman nennt vier Verhaltensweisen, die für diese Vorhersage zentrale Indikatoren sind: Kritik, Verachtung, Abwehrhaltung und Abschottung. Er nennt sie die »vier apokalyptischen Reiter«.

Es sind dies wohlbekannte Verhaltensweisen, die in jeder Beziehung zu jeder Zeit auftauchen können. Diese Verhaltensweisen bezeichnen Taktiken, mit denen wir aktiv vermeiden, mit dem Schmerz von anderen in Berührung zu kommen. Um sich von anderen abzuschotten, sind es sehr effektive Strategien und Verhaltensweisen. Um Ihre Fähigkeit zu entwickeln, mit dem Schmerz von anderen in Berührung zu kommen, ist es sinnvoll, wenn Sie die vier Reiter erkennen lernen, damit Sie Ihre eigenen Vermeidungsstrategien entlarven können.

Obwohl fast jeder irgendwann einmal diese negativen Verhaltensweisen einsetzt, halte ich es doch für sinnvoll, sie zu definieren, damit wir klar die Strategien sehen, die dabei eingesetzt werden.

KRITIK – Missbilligende Aussagen treffen. Das ist oft auch ein Weg, einem anderen Menschen zu zeigen, dass er an seinem Schmerz selbst schuld ist, wodurch die Verpflichtung entfällt, ihm oder ihr zu helfen.

VERACHTUNG – Gering schätzen oder demütigen; die Integrität und Ehrlichkeit von jemandem in Zweifel zu ziehen. Dies wird meistens eingesetzt, um den Schmerz zu leugnen oder seine Berechtigung infrage zu stellen. Denn was nicht existiert, müssen wir auch nicht teilen.

ABWEHRHALTUNG – Barrieren errichten, um Kritik oder Herausforderungen zu vermeiden; Meinungsverschiedenheiten über Umstände oder Tatsachen. Wie Kritik wird dies meistens eingesetzt, um eine Schuld oder persönliche Verantwortung – und damit die Verpflichtung zur Hilfe – zu leugnen.

ABSCHOTTUNG – Blockade- oder Hinhaltetaktik, indem man sich weigert, Fragen zu beantworten, oder ausweichende Antworten gibt. Mit anderen Worten: Wenn alles andere nichts hilft, ignorieren wir einfach, was wir nicht sehen oder angehen wollen.

VERSUCHEN SIE FOLGENDES: Wie gehen Sie normalerweise dem Schmerz von anderen aus dem Weg? Nehmen Sie sich einen Moment Zeit, um über die vier Reiter – Kritik, Verachtung, Abwehrhaltung und Abschottung – nachzudenken, und prüfen Sie, welche davon Ihre bevorzugten Strategien sind. Meine ist die Abschottung. Wenn ich mich verletzlich fühle und meinen eigenen Schmerz zulasse, ist meine erste Tendenz, zuzumachen. Ich will weglaufen oder im Erdboden versinken, also ziehe ich mich zurück, schotte mich ab, bis ich mich wieder sicher genug fühle, mich auf etwas einzulassen. Halten Sie nun für den Rest der Woche – oder immer, wenn es Ihnen einfällt – Ausschau nach den vier Reitern, bei sich selbst und bei anderen. Manchmal zeigen sie sich ganz subtil, manchmal sehr deutlich. Wenn Sie dann merken, wie sich in Ihrem Leben einer zeigt, experimentieren Sie mit dem Gegenteil: Spüren Sie den Schmerz eines anderen und entscheiden Sie sich für den Kontakt, nicht für Abschottung oder Distanziertheit.

Eine friedlichere Welt: Ähnlichkeiten sehen, Freundlichkeit schenken

Als Mitbegründer und ehemaliger Geschäftsführer des Search-Inside-Yourself-Leadership-Instituts war ich damals an der Formulierung der Vision und des Leitbilds des SIYLI mitbeteiligt. Die Formulierung lautet: »Alle Führungskräfte der Welt sind weise und mitfühlend, wodurch sie die Bedingungen für den Frieden in der Welt schaffen.«

Als der Vorstand diese Aussage formulierte, wollte er bewusst ganz hoch (sehr hoch!) hinaus und eine kühne Vision und Zielsetzung artikulieren, die völlig utopisch anmutet. Das scheint zu den waghalsigen und unmöglichen Zeiten, in denen wir uns befinden, und für die Vermittlung der Praxis von Achtsamkeit und emotionaler Intelligenz ja auch zu passen. Allerdings habe ich auch schon Menschen erlebt, die solch hoffnungslos naive, idealistische Streberei mit einem Stirnrunzeln rundheraus abgetan haben. Und ja, angesichts des Sündenregisters der Zivilisation und der existierenden Zustände von Gewalt, Konflikt und Krieg überall auf dem Planeten, kann man es ihnen verübeln? Wo sind diese weisen, mitfühlenden Führungspersönlichkeiten? Wie kann ein einzelner Mensch jemals die Bedingungen für den Weltfrieden fördern?

Und doch ist es vor allem diese Praxis, den Schmerz von anderen zu berühren, die mir Hoffnung macht.

Ich möchte ein Beispiel nennen: Ein Höhepunkt des zweitägigen SIY-Programms für Achtsamkeit und emotionale Intelligenz findet immer gegen Mittag des zweiten Seminartages statt. In vielerlei Hinsicht sind die ersten anderthalb Tage des Programms eine Vorbereitung für diesen Moment: Es wird eine geschützte Umgebung geschaffen, die Teilnehmerinnen und Teilnehmer lernen, in größerer Stille und Fokussierung zu sitzen, und üben, jemandem zuzuhören, ohne zu unterbrechen. Zu diesem Zeitpunkt sind drei Kompetenzen der emotionalen Intelligenz eingeführt: Selbstwahrnehmung, Selbstregulierung und Motivation. Nun sind die Teilnehmenden bereit, tief in die Praxis einzutauchen, in der man den Schmerz anderer berührt. Vor allem üben wir zwei zentrale Fähigkeiten: Ähnlichkeiten zu sehen und Freundlichkeit zu schenken.

Hier ist die – für dieses Buch leicht modifizierte – Übung, die wir einsetzen. Sie hat zwei Teile: Teil 1 dreht sich um das Sehen von Ähnlichkeiten, Teil 2 um das Schenken von Freundlichkeit. In den Seminaren bilden die Teilnehmenden Zweiergruppen und sitzen sich gegenüber. Wenn Sie das machen wollen, empfehle ich Ihnen: Bitten Sie jemand Nahestehenden, dem Sie vertrauen, Ihnen dieses Kapitel vorzulesen, damit er oder sie den Kontext und das Ziel dieser Übung versteht. Die Übung kann aber auch virtuell mit einem anderen Menschen gemacht werden (zum Beispiel übers Telefon oder per Videokonferenz) und man kann sie alleine machen: Stellen Sie sich einfach vor, Sie sitzen einem Menschen Ihrer Wahl gegenüber, real oder imaginär, der die folgende Anleitung spricht.

Teil 1: Ähnlichkeiten sehen

Als Erstes meditieren Sie einige Minuten, um anzukommen. Richten Sie Ihre Aufmerksamkeit auf Körper und Atem und lassen Sie alle Geschäftigkeit und Tagesaktivität los.

Werden Sie sich jetzt der Person vor Ihnen bewusst. Nehmen Sie sich einen Moment Zeit, sie bewusst anzuschauen. Diese Person ist ein menschliches Wesen … so wie Sie. Nehmen Sie ihre Verbundenheit als menschliche Wesen wahr, und nehmen Sie wahr, ob Sie sich bei diesem Gedanken wohlfühlen oder ob dabei Unbehagen aufkommt. Entscheiden Sie frei, ob Sie Blickkontakt wollen oder nicht.

Lesen Sie dann die folgenden Sätze, entweder laut oder still für sich. Nehmen Sie sich Zeit und durchdenken Sie jede Aussage beim Formulieren.

- Dieser Mensch vor mir hat einen Körper und einen Geist … so wie ich.
- Dieser Mensch vor mir hat Gefühle und Gedanken … so wie ich.
- Dieser Mensch vor mir hat schon Schmerz und Traurigkeit erlebt, ist schon wütend, verletzt und verwirrt gewesen … so wie ich.
- Dieser Mensch vor mir hat schon körperlichen und emotionalen Schmerz und Leiden erlebt … so wie ich.
- Dieser Mensch vor mir möchte von Schmerz und Leiden frei sein … so wie ich.

- Dieser Mensch vor mir hat schon viel Freude und Glück erlebt … so wie ich.
- Dieser Mensch vor mir möchte gesund sein, geliebt werden und befriedigende Beziehungen haben … so wie ich.
- Dieser Mensch vor mir möchte glücklich sein … so wie ich.

Teil 2: Freundlichkeit schenken

Nun üben Sie, Freundlichkeit zu schenken. Lassen Sie gute Wünsche aufkommen. Bevor Sie anfangen, schauen Sie noch einmal diese Person vor Ihnen an. Sie ist ein menschliches Wesen … so wie Sie.

Dann lesen Sie, mit einer Pause dazwischen, die folgenden Aussagen, entweder laut oder still für sich:

- Ich wünsche diesem Menschen vor mir die Kraft und die Ressourcen, mit den Schwierigkeiten im Leben zurechtzukommen.
- Ich wünsche diesem Menschen vor mir, von Schmerz und Leiden frei zu sein.
- Ich wünsche diesem Menschen vor mir Glück.
- Weil dieser Mensch zur Familie der menschlichen Wesen gehört … so wie ich.

Als Nächstes dehnen Sie Ihre Wünsche auf andere aus, auf alle, die Ihnen einfallen, wobei Sie in Ihrer Großzügigkeit so weit wie möglich gehen. Wenn Sie möchten, können Sie in diesen Aussagen konkrete Namen nennen oder andere soziale Gruppen benennen, die Sie mit aufnehmen möchten.

- Mögen alle in diesem Raum, Gebäude oder Haus glücklich sein, mögen sie frei sein von Leid, mögen sie in Frieden sein.
- Mögen meine Familie und Freundinnen und Freunde glücklich sein; mögen sie frei sein von Leid, mögen sie in Frieden sein.
- Mögen meine Kolleginnen und Kollegen und alle, mit denen ich arbeite, glücklich sein; mögen sie frei sein von Leid, mögen sie in Frieden sein.
- Mögen alle Wesen auf der Welt glücklich sein; mögen sie frei sein von Leid, mögen sie in Frieden sein.
- Und schließlich erinnere ich mich an mich selbst. Möge ich glücklich sein; möge ich frei sein von Leid, möge ich in Frieden sein.

Wenn der Text zu Ende ist, lenken Sie Ihre Aufmerksamkeit auf Körper und Atem. Lassen Sie alle Gedanken und Gefühle los. Nehmen Sie wahr, dass Sie ein- und ausatmen. Wenn Sie so weit sind, nehmen Sie sich noch ein paar Minuten, um die Aufmerksamkeit wieder zurück in den Raum zu bringen.

Diese Übung kann Verständnis aufbauen und Brücken bauen, sogar zwischen Menschen, die sich zum ersten Mal begegnen oder sich missverstehen oder Konflikte miteinander haben. Ich glaube, ein Weg, um eine friedlichere Welt aufzubauen, könnte sein, einen geschützten Raum zu schaffen, in dem man mit den Menschen, die sich entfremdet und isoliert fühlen, diese Übung machen kann.

Diese beiden Übungen – Ähnlichkeiten sehen, Freundlichkeit schenken – sind unglaublich wirkungsvoll beim Aufbau innerer Ressourcen und auch unglaublich wirkungsvoll beim Auflockern unserer Ängste und Vorurteile. Sie erlauben uns zu sehen, dass wir alle ein Stamm, eine Familie sind – die menschliche Familie.

Unter die Motorhaube schauen

Oft laufen unsere Gespräche etwa so: Wie geht's? Gut. Wie fühlst du dich? Gut. Wie läuft's bei der Arbeit, in der Schule, in deinen Beziehungen? Gut. Ein Psychologe hat dazu einmal gesagt, GUT sei eigentlich ein Akronym für »Gefühls-Unterdrückungs-Taktik«.*

Mit anderen Worten: »Gut« ist eine sozial anerkannte Form der Abschottung, der Abwehr. Wir müssen aber »gut« als Antwort nicht akzeptieren. Wir können diese sanfte Form der Vermeidung erkennen und das machen, was ich manchmal »unter die Motorhaube schauen« nenne: Statt nur die Oberfläche von Gefühlen zu streifen, können wir andere ermutigen, echt zu sein und Schmerz, Schwierigkeiten und heikle Übergangsphasen mit uns zu teilen. Wir können Ängste und Zweifel, auch unsere eigenen, mit offener Neugier anschauen, statt sie zu vermeiden. Unaufdringlich und respektvoll könnten wir die Millionen Schwierigkeiten und Herausforderungen des Lebens erforschen, unter anderem auch das Gefühl, nicht dazuzugehören, oder dass wir uns oft sicherer fühlen, wenn wir verbergen, was uns wehtut. Es kann überraschend und beeindruckend sein, die Sorgen und Nöte von anderen aufzudecken, die direkt unter der Oberfläche des alltäglichen Lebens liegen. Dieser Schmerz ist der Klebstoff, der uns verbindet, die emotionale Resonanz dessen, was alle menschlichen Wesen miteinander teilen – Kämpfe, Fehlschläge, Verletzlichkeit und Leid; unsere gemeinsame Menschlichkeit.

Ich leite zum Beispiel zusammen mit Norman Fischer seit zwanzig Jahren auf der Green Gulch Farm eintägige berufliche Weiterbildungsseminare, die von den Arbeitgebern bezahlt werden. Wir treffen uns gewöhnlich drei- bis viermal im Jahr, und jedes Mal hat ungefähr die Hälfte das Seminar schon einmal besucht, während die andere Hälfte

* Das im Englischen gebrauchte Wort »fine« übersetzt sich im Original als »feelings inside not expressed«, »innere Gefühle nicht ausgedrückt«. (Anm. d. Übers.)

zum ersten Mal dabei ist. Frühmorgens stellen sich alle vor und die Titel und Karrieren der Teilnehmenden sind oft ziemlich beeindruckend: Sie kommen aus dem Topmanagement, der Wissenschaft, aus Unternehmen, dem Mentaltraining, der Unternehmensberatung und sind hochrangige Profis. Am Ende des Tages, wenn wir Meditieren und achtsames Zuhören geübt haben und alle sich etwas sicherer und zugänglicher fühlen, machen wir noch einmal die Runde. Dieses Mal wollen fast alle ihre Probleme offenbaren; fast jeder steckt bei der Arbeit oder im Privatleben in irgendeiner Übergangsphase. Morgens herrscht noch eine Atmosphäre, in der die Menschen Eindruck schinden wollen, was dazu führt, dass sie sich vergleichen und eher abgrenzen. Am Nachmittag werden sie viel verletzlicher und offener, was ihre Nöte und Kämpfe angeht, und daraus entstehen Verbundenheit, Vertrauen und Empathie. Dieses Muster habe ich bei Geschäftsleuten und Nichtgeschäftsleuten gleichermaßen vorgefunden.

Ein weiteres Beispiel: Vor ein paar Jahren leitete ich eine eintägige Fortbildung zu Achtsamkeit und emotionaler Intelligenz für eine Gruppe von ungefähr hundert Spitzen-Vertrieblern einer großen Softwarefirma in der Nähe von Austin, Texas. Eigentlich war es ein zweitägiges Seminar: Der erste Tag sollte Strategien für die Arbeit in einer stressreichen Umgebung liefern und gegenseitiges Vertrauen und Zusammenarbeit in dieser Gruppe steigern, der zweite Tag sollte sich dann Unternehmensstrategien und -zielen widmen.

Als ich da auf der Bühne stand und mich unter den Teilnehmerinnen und Teilnehmern umschaute, wirkten alle wie selbstbewusste Erfolgsmenschen. Die Gruppe war ziemlich heterogen, mit Männern und Frauen aus vielen Ländern in Asien sowie Nord- und Südamerika. Die meisten Männer trugen Anzug und Krawatte, die Frauen elegante Garderobe. Erfolg und Selbstvertrauen lagen in der Luft.

Im Laufe des Morgens – nachdem wir einige der Achtsamkeits- und Zuhörübungen aus den ersten vier Kapiteln dieses Buches ausprobiert hatten – ließen die Teilnehmenden allmählich ihre antrainierte Maske fallen. Sie ließen ihre Rollen und ihr Expertenwissen beiseite und begannen sich als verletzliche Menschen zu zeigen.

Sie stellten mehr Fragen und die Fragen wurden persönlicher. Viele fragten, wie man inmitten hoher Anforderungen mit Stress umgehen solle, sprachen über die Herausforderungen, die die Arbeit mit virtuellen Teams auf der ganzen Welt mit sich bringt; andere wieder wollten wissen, wie man das Familienleben mit den ständigen Geschäftsreisen vereinbaren könne, wie man mit Panikattacken umgehen solle und wie man es schaffen könnte, zu Hause in der Familie nach einem anstrengenden Arbeitstag noch emotional präsent zu sein. Ein paar fragten um Rat wegen Verhaltens- und Drogenproblemen ihrer Kinder. Eine Frau vertraute mir an, dass sie seit dem Tod ihrer jüngsten Tochter, die bei einem Autounfall ums Leben kam, trauere.

Gegen Ende des Tages hatte sich die Energie im Raum spürbar verändert. Die Gruppe wirkte offen, in gegenseitiger Verbundenheit und Vertrauen. Sie wurden zu weisen, mitfühlenden Führungspersonen, die die Voraussetzungen für den Frieden schufen.

Wie Plato einst sagte: »Sei gütig, denn jeder, dem du begegnest, kämpft einen harten Kampf.«

VERSUCHEN SIE FOLGENDES: Suchen Sie nach Gelegenheiten, bei anderen Menschen »unter die Motorhaube zu schauen«. Wenn Sie bei einer Party oder einem Geschäftstreffen jemanden treffen, sagen Sie (statt übers Wetter zu reden oder Small Talk zu machen) doch einmal: *Bitte erzählen Sie mir Ihre Geschichte!* Fragen Sie höflich, aber ernsthaft: *Wo liegen Ihre größten Herausforderungen? Wie ist es dazu gekommen, dass Sie das tun, was Sie tun? Welche Hindernisse mussten Sie überwinden?*

Hören Sie dann einfach zu, während Sie Ähnlichkeiten sehen und Freundlichkeit schenken.

Tonglen: Geben und Nehmen

Tonglen ist der Name einer uralten buddhistischen Praxis, den man mit »Geben und Nehmen« übersetzen kann. Wie die obige Übung hat auch diese zwei Teile. Der erste ist relativ leicht: Wir schicken unsere Wünsche nach Frieden, Freiheit und Heilung an unsere Familie und Angehörigen, unsere engsten Freunde und die, mit denen wir zusammenarbeiten. Um den »Großzügigkeitsmuskel« ein wenig zu dehnen, beinhaltet diese Praxis im Allgemeinen auch, dass wir diese Wünsche an Menschen schicken, die wir als Belastung empfinden, Menschen, mit denen wir Konflikte haben, und sogar an Feinde oder solche, zu denen die Beziehung für uns ganz schwierig ist. Anderen Glück zu wünschen, ist ein hochwirksamer Weg, den nervösen Affen zu beruhigen.

Der zweite Teil der Tonglen-Praxis kann eine etwas größere Herausforderung sein. Er besteht darin, dass wir Schmerz und Problematisches in uns wachrufen und es berühren, einatmen und im Herzen bewahren. Wir fühlen sowohl den Schmerz, der uns bewusst ist, wie auch den Schmerz, den wir nur ahnen oder uns vorstellen können. Das können Ereignisse sein, bei denen wir oder andere verletzt, im Stich gelassen oder enttäuscht wurden – kleine Enttäuschungen wie etwa die, dass man nicht in eine Mannschaft gewählt oder von einem Freund enttäuscht wurde – bis hin zum Tod eines Verwandten oder nahestehenden Menschen.

Somit beginnt diese zweiteilige Praxis also mit dem fantasiebegabten Affen und aktiviert dann den empathischen Affen. Sie ist ein Weg, den Schmerz von anderen zu berühren und unsere Beziehung dazu zu verändern – und sie hilft uns, das Herz zu öffnen. Sie schenkt uns die Erfahrung (sowohl körperlich als auch mental), dass unser Herz, unsere Fähigkeit, den Schmerz von anderen zu fühlen, viel größer und empfänglicher ist, als wir normalerweise wahrnehmen oder zugeben. Diese Praxis erlaubt uns, offener und auf die Probleme und den Schmerz von anderen besser eingestimmt zu sein.

Meditation »Geben und Nehmen«

Setzen Sie sich zunächst so hin, dass Sie sowohl entspannt als auch hellwach sein können. Geben Sie sich ein paar Minuten, um körperlich und geistig anzukommen; nehmen Sie Körper, Atem, Gedanken und Gefühle wahr. Lenken Sie dann die Aufmerksamkeit auf den Atem.

Fangen Sie damit an, dass Sie anderen Menschen gute Wünsche schicken. Rufen Sie sich die ins Gedächtnis, die Ihnen nahestehen: Familie, Partnerin oder Partner, enge Freundinnen und Freunde. Sagen Sie zu sich selbst: »Mögen sie glücklich sein, frei von Leid, mögen sie in Frieden sein.«

Rufen Sie sich nun Bekannte und Mitarbeiter ins Gedächtnis und schicken Sie ihnen auf dieselbe Weise gute Wünsche.

Rufen Sie sich dann Menschen ins Gedächtnis, mit denen Sie in Kontakt kommen, zu denen Sie aber wenig oder fast keine Beziehung haben, und tun Sie dasselbe.

Und schließlich rufen Sie sich jemanden ins Gedächtnis, mit dem Sie einen Konflikt haben, und schicken Sie ihm oder ihr gute Wünsche.

Wenn Sie fertig sind, gehen Sie zum zweiten Teil der Meditation über: Lassen Sie zu, den Schmerz von anderen und den Schmerz der ganzen Welt zu fühlen. Legen Sie sich einen Weg zurecht, wie Sie das machen können: indem Sie sich nun konkrete Situationen vorstellen oder einfach allen Verlust, alle Trauer, alle Ungleichheit, alle Schwierigkeiten von Menschen, die Sie kennen (und die Sie nicht kennen) zulassen.

Atmen Sie dabei sanft. Mit jedem Einatem atmen Sie den Schmerz und das Leid von anderen und der Welt ein und fühlen, wie Ihr Herz weiter und offener wird. Dann, beim Ausatmen, lassen Sie Ihre Gefühle los und legen die Aufmerksamkeit auf den Ausatem. Fahren Sie so lange fort, wie Sie möchten.

Wenn Sie fertig sind, nehmen Sie sich einen Moment, um Ihre Bewusstheit wieder auf den Atem und den Körper zu richten und alle Gedanken, Bilder und Emotionen loszulassen. Kommen Sie dann mit der Aufmerksamkeit wieder sanft in den Raum zurück.

Mitfühlende Führung

Empathie zu fördern, ist nicht nur für Führungspersonen wichtig, sondern für jeden Menschen, denn sie inspiriert uns zu der kraftvollsten Motivation, die wir haben: Mitgefühl, also zu einem Handeln mit der Absicht, den Schmerz anderer verringern zu helfen. Empathie ist eine wirkungsvolle Möglichkeit, um innere Stärke zu entwickeln. Wenn wir den Schmerz von anderen nicht sehen oder uns weigern, ihn anzuerkennen, werden wir auch nichts tun, um ihnen zu helfen. Dadurch vergeuden wir unsere Kraft oder Fähigkeit, die Welt zu verändern. Mit Mitgefühl ist das Gegenteil möglich. Wir können unsere Kraft für gute Werke nutzen, und dazu braucht es das fünfte Prinzip dieses Buches: »Den Schmerz der anderen berühren«.

Ich werde regelmäßig darum gebeten, den Unterschied zwischen Empathie und Mitgefühl zu erklären. Empathie bedeutet, die Gefühle eines anderen zu fühlen und sie von den eigenen zu unterscheiden. Der zweite Teil der Definition, »sie von den eigenen zu unterscheiden«, ist wichtig. Ohne diese Unterscheidung ist das Resultat emotionale Ansteckung: Wir gehen über das bloße Fühlen hinaus und identifizieren uns mit den Gefühlen eines anderen.

Mitgefühl hat drei Komponenten: 1. Empathie, also die Gefühle eines anderen mitzuempfinden; 2. Verständnis oder der Wunsch, die Gefühle und Erfahrungen eines anderen zu verstehen; 3. Motivation oder das Bestreben, das Leid eines anderen zu lindern.

Während des zweitägigen SIY-Trainingsseminars zeigen wir manchmal ein Video, um den Teilnehmerinnen und Teilnehmern ein konkretes Beispiel für Mitgefühl zu geben. Das Video zeigt eine junge Frau, die vor einem NBA-Basketballmatch »The Star-Spangled Banner« singt, die Nationalhymne der USA. Am Anfang des Liedes vergisst sie den Text und ist wie gelähmt vor Schreck. Einer der Trainer des Basketballteams, Maurice Cheeks, geht zu ihr hin, damit sie nicht mehr alleine dasteht. Er scheint den Text auch nicht so recht zu können und Singen ist offensichtlich nicht gerade seine Stärke, aber seine Unterstützung rüttelt sie wach, sodass sie weitermachen und das Lied zu Ende singen kann – unter dem begeisterten Beifall des ganzen Stadions.

Jedes Mal, wenn ich dieses Video anschaue – es waren bis jetzt schon mehr als zwanzig Mal – spüre ich den Schrecken und die Verlegenheit der jungen Frau, und ich bin auch bewegt, wenn ich das Mitgefühl dieses Mitmenschen erlebe, der ihr mutig zur Seite tritt, um ihr in ihrer Not und Verletzlichkeit zu helfen.

VERSUCHEN SIE FOLGENDES: Schreiben Sie in Ihrem Tagebuch auf, wie Sie in allen Bereichen Ihres Lebens anderen helfen (oder helfen könnten oder helfen würden). Was bestärkt Sie dabei und was kommt Ihrem mitfühlenden Handeln in die Quere?

Schmerz annehmen

Als ich 26 war und als Zen-Schüler auf der Green Gulch Farm in Nordkalifornien lebte, erfuhr ich, dass mein Vater mit Krebs ins Krankenhaus kam. Ich flog sofort nach New Jersey, um ihn zu besuchen. Als ich im Krankenhaus ankam, musste ich erleben, dass er buchstäblich ans Bett gefesselt war. Ein Arzt sagte mir, dass er nachts durch die Korridore wandere und sie ihm deshalb Medikamente geben und ihn festbinden müssten.

Glücklicherweise war ich gut vernetzt. Zwei meiner engsten Freunde aus dem Zen-Zentrum von San Francisco halfen mir, mit dieser schwierigen und komplizierten Phase und dem Krankenhaussystem zurechtzukommen. Sie machten mich darauf aufmerksam, dass doch ich zu bestimmen hätte und nicht die Ärzte. Dank ihrer Unterstützung sprach ich mit den Ärzten, band meinen Vater los und wies die Ärzte an, die Medikamente abzusetzen. Sobald deren Wirkung nachgelassen hatte und mein Vater wieder mehr bei Bewusstsein war, konnte ich von Herz zu Herz ein Gespräch mit ihm führen. Ich teilte ihm die ganze ärztliche Diagnose mit: dass sein

Körper voller Metastasen war und dass er wahrscheinlich nicht mehr lange leben werde. Gleichzeitig sagte ich ihm, dass ich die Hoffnung hochhalten würde, denn man wisse ja nie, was passieren werde. Ich berührte den Schmerz meines Vaters so umfassend, wie es ging, und ich spürte, dass auch ihm klar war, wie schmerzhaft dieses Gespräch für mich sein musste.

Mein Vater war seit meiner Entscheidung, ins Zen-Zentrum zu ziehen, sehr enttäuscht und wütend auf mich gewesen, weil ich deswegen ja das College geschmissen hatte. Aber in dem Moment, wo ich ihm seine Situation erläuterte, schaute er mich an und sagte: »Ich weiß ja nicht, was es genau ist, was du da machst. Aber mach weiter damit.«

Das war eine der eindringlichsten und prägendsten Begegnungen meines ganzen Lebens – meinem Vater zu begegnen, in beiderseitigem Schmerz, und zu erleben, wie das gegenseitige Berühren dieses Schmerzes ein neues Verständnis und ein tiefes Akzeptieren, eine tiefe Liebe mit sich brachte.

Den Schmerz der anderen berühren

Zentrale Übungen

- Denken Sie daran: Die Aufgabe einer Führungsperson ist es, Gemeinschaftsgefühl und Verbundenheit zu kultivieren.
- Erkennen Sie die vier apokalyptischen Reiter, die einen daran hindern wollen, den Schmerz von anderen nachzuvollziehen: Kritik, Verachtung, Abwehrhaltung und Abschottung.
- Üben Sie, Ähnlichkeiten zu sehen und Güte zu verschenken.
- Versuchen Sie in Gesprächen, bei anderen »unter die Motorhaube zu schauen«, indem Sie sich nach Schwierigkeiten und Herausforderungen erkundigen.

- Üben Sie Tonglen, die Meditation des Gebens und Nehmens.
- Fördern Sie Empathie, um zu mitfühlendem Handeln zu inspirieren und dadurch zu führen.

PRINZIP 6

Sich auf andere verlassen

Hundert Mal am Tag erinnere ich mich daran, dass mein inneres und mein äußeres Leben auf der Mühe und Arbeit anderer Menschen beruht, lebender und toter, und dass ich mich anstrengen muss, um genauso viel zurückzugeben, wie ich bekommen habe und immer noch bekomme.

ALBERT EINSTEIN

Zu den denkwürdigsten Momenten meiner Zeit in der Küche des Zen-Klosters gehörten die Teamsitzungen für den Speiseplan. Dazu pflegte ich mich jede Woche mit drei Gastköchen zusammenzusetzen. Das waren Zen-Schüler, die aus der Küchenmannschaft ausgewählt wurden, weil sie die erfahrensten und talentiertesten Köche waren. Den Sommer über waren sie dafür verantwortlich, für die siebzig bis achtzig Übernachtungsgäste im Kloster jeden Tag drei Mahlzeiten auf den Tisch zu bringen. Auf unserem Tisch lagen stapelweise vegetarische Kochbücher, ausführliche Rezepte früherer Menüs und haufenweise Karteikarten und Zettel mit Ideen. Zu unseren Aufgaben gehörte es, für jeden Tag der bevorstehenden Woche jedes Gericht und jedes Menü und auch die Planung, wer was machen sollte, festzulegen. Manche Gerichte kamen aus dem Fundus unserer wohlerprobten Rezepte. Andere waren experimenteller; manchmal wollten wir ein bisschen wagemutiger sein und etwas Neues ausprobieren, verwendeten dabei aber immer Gemüse und Obst der Saison.

Als Chefkoch war bei diesen Sitzungen meine primäre Rolle die des Trainers und Mentors. Ich gab Rückmeldungen, was gut funktioniert hatte und was man verbessern konnte. Wir sprachen über die Arbeitsatmosphäre und die Praxis in der Küche und darüber, wie das Team funktionierte und sich entwickelte. Vor allem besprachen wir, wie jeder Koch lernte und sich entwickelte, sowohl als Koch wie auch als Meditierender. Dann besprachen wir die Qualität der Mahlzeiten – was an dem Essen, das wir servierten, gut war und was besser sein konnte. Als Trainer und Leiter fragte ich oft nach, wie ich sie unterstützen könnte, sowohl individuell als auch im Team, und wie ich die Praxis und die Effizienz der Küche insgesamt unterstützen könnte.

Ich fand diese Treffen erfüllend und manchmal sogar berauschend. Als Team erlebten wir ein hohes Maß an Vertrauen und gegenseitiger Fürsorge, das aus der gemeinsamen Arbeit und Praxis innerhalb und außerhalb der Küche erwuchs. Eine zentrale Praxis des Zen ist die Großzügigkeit – sich selbst und anderen gegenüber aufmerksam und freundlich zu sein. Also war es unser Job in der Zen-Küche, einander zu helfen, zu wachsen und erfolgreich zu sein. Wenn Konflikte und Meinungsverschiedenheiten aufkamen, was natürlich der Fall war, lieferte Großzügigkeit den Rahmen und die praktische Leitlinie für die kreative Lösungsfindung. Dies führte zu offenen strategischen Diskussionen über die Herausforderungen und Chancen beim Kochen und bei der Achtsamkeitspraxis in der Küche. Was immer unsere Rollen waren, wir waren Gleichberechtigte, die lernten und wuchsen, indem sie sich gegenseitig unterstützten. Was das Essen anging, so konnten wir fast immer mit einfachen, eleganten, kreativen Menüs aufwarten, die keiner von uns alleine hätte planen können.

Diese Speiseplan-Sitzungen verbanden dezidierte und integrierte Praxis: Sie dienten einerseits der Vorbereitung für die Hauptaufgabe der Essenszubereitung (die dann später an der Reihe war), boten aber gleichzeitig in sich schon eine wichtige Gelegenheit, alles einzubringen und zu integrieren, was wir über Zusammenarbeit lernten, über gegenseitige Unterstützung, über den Aufbau von Vertrauen. Bei diesen Treffen ging es vor allem darum, wahrzunehmen und zu verbessern, wie wir miteinander arbeiteten, damit wir einander unterstützen und die Dinge erledigen konnten. Ohne das hätten wir die Gäste des Klosters nie auf dem hohen Niveau bewirten können, das wir anstrebten.

Das ist das Herz dessen, worum sich beim sechsten Prinzip, »Sich auf andere verlassen«, alles dreht. Wenn die Zeit gekommen ist, eine Gruppe zu führen und mit ihr zu arbeiten, bauen wir auf allen Prinzipien auf, die wir bis jetzt eingeführt haben, und wenden sie an, um gut zusammenzuarbeiten. Das erfordert ein hohes Maß an Selbstwahrnehmung und Selbstvertrauen, aber auch Demut, Empathie und Offenheit (also Situationen im »Geiste eines Anfängers« zu begegnen). Ich würde sogar sagen: Achtsames Führen ist eigentlich die Kunst, sich auf andere zu verlassen.

Interdependenz: Kunst und Wissenschaft des Führens

Eine klassische Definition des Führens lautet: Andere dazu inspirieren, eine gemeinsame Vision umzusetzen. Das stimmt zwar, aber ich würde die Definition noch ein bisschen umformulieren: Es ist die Kunst, in einem Umfeld, in dem es auf Ergebnisse ankommt, Vertrauen und wertvolle Beziehungen aufzubauen. Die Führungsperson steht in der Verantwortung, das Team zu unterstützen, und dazu braucht es Interdependenz: in Beziehung zu anderen zu stehen, die von Ihnen genauso abhängig sind wie Sie von ihnen.

Eine Schlüsselrolle einer Führungsperson ist es, Menschen zu ermutigen, ihre individuellen Fähigkeiten und Perspektiven zu entwickeln, und dabei gleichzeitig ein Team aufzubauen, in dem alle zum Erreichen der Teamziele notwendigen Fähigkeiten und Perspektiven versammelt sind. Dafür müssen kreative Spannungen im Team selbst, aber auch bei Ihnen als Führungsperson ausfindig gemacht werden. Wo könnte bei Ihren Fähigkeiten und Ihren Perspektiven etwas fehlen? Wen oder was braucht das Team, was Sie nicht bieten können? Mit anderen Worten: Das Prinzip »Sich auf andere verlassen« bedeutet, durch Verständnis, Initiative und Empfänglichkeit ein Team zu bilden, das im Kollektiv mehr erreichen und kreativer denken kann, als eine Führungsperson (oder irgendeine andere Einzelperson) es alleine könnte. Die Gruppe verlässt sich darauf, dass ihr Leiter oder ihre Leiterin auf die Ideen und Erkenntnisse jedes einzelnen Mitglieds hört, sie respektiert und reflektiert und dann Entscheidungen trifft, die im besten Interesse des Teams und der Organisation sind.

Eigentlich ist es sogar so: Im besten Fall, wenn eine Gruppe gut zusammenarbeitet, scheint sie fast gar keine Leitungsperson mehr zu brauchen. Dieser Ansicht war man auch einmal bei Google, weshalb die Firma zu der Frage, was einen großartigen Manager ausmacht, 2008 eine Studie namens »Google Oxygen« (»Google Sauerstoff«) durchführte – wobei die Verantwortlichen zu beweisen hofften, dass Manager auf den Erfolg eines Teams nicht viel Einfluss hätten. Die Firmenkultur von Google setzte, besonders in den Anfangsjahren, vor allem auf clevere, kreative Ingenieurskunst. Führung und Management wurden als notwendige Übel betrachtet oder – im besten Falle – als unnötiger bürokratischer Überbau.

Zu ihrer großen Überraschung mussten die Google-Verantwortlichen feststellen, dass das Verhalten einer Führungskraft sowohl auf die Produktivität eines Teams wie auch auf das Wohlbefinden der einzelnen Teammitglieder einen signifikanten Einfluss hat. Google stellte fest, dass die Führungskräfte der erfolgreichsten, am höchsten bewerteten Teams drei Verhaltensweisen gemeinsam hatten:

- **COACHING:** Eine gute Führungskraft nimmt sich Zeit, jedes Teammitglied persönlich zu treffen und als Coach zu fungieren. Dazu gehört, Vertrauen aufzubauen, aber auch, jedes Teammitglied zu fordern. Eine gute Führungskraft zeigt echte Fürsorge für jede Person und ihre fachliche Entwicklung.

- **ERMUTIGUNG:** Eine gute Führungskraft ermutigt das Team und vermeidet »Micromanaging« (zu kleinliche Vorgaben). Sie führt und unterstützt das Team, vertraut darauf, dass das Team das Notwendige tun wird, und lässt ihm eine Menge Freiraum. Eine gute Führungskraft sucht die Balance: Einerseits stellt sie alles bereit, was das Team für den Erfolg braucht, achtet aber andererseits darauf, die Arbeit des Teams nicht durch zu kleinliche Kontrollen zu behindern oder zu frustrieren.
- **ZUHÖREN:** Eine gute Führungskraft schafft eine einladende Atmosphäre und zeigt sich interessiert sowohl am Erfolg als auch am Wohlbefinden des Teams, indem sie jedem zuhört. Eine gute Führungskraft hat ein Bewusstsein für eventuell vorhandene Spannungen zwischen dem Erfolg des Teams, dem Erfolg der Firma und dem Wohlbefinden jedes Einzelnen und findet Wege, sie aufzulösen und den Erfolg auf allen Ebenen zu fördern.

Was die Google-Verantwortlichen in ihrer Studie entdeckten, ist dem sehr ähnlich, was ich (im ersten Kapitel) als die drei Aufgaben einer Führungspersönlichkeit definiert habe: Nachdenken, Zuhören und Raum geben. Egal, welche Begrifflichkeit Sie vorziehen: Klar ist, dass diese drei Aufgaben oder Verhaltensweisen auch widerspiegeln, wie achtsam Führende den manchmal negativen Einfluss der drei Affen kompensieren und überwinden. Sie sind aufmerksam, um Impulsivität und »Micromanaging« zu vermeiden; sie hören anderen zu, um die besten Strategien für die Gruppe zu finden; und sie fördern Verbundenheit und Empathie, um einem Rückzug ins Einzelkämpfertum entgegenzuwirken.

Widerstand: Im Ozean der Beziehungen alleine schwimmen wollen

Wenn wir uns im Spiegel anschauen, sehen wir wie etwas Vereinzeltes, Abgetrenntes, Einsames aus. Das ist eine optische Täuschung, wie bei

Espen, die oberhalb des Erdbodens einzelne Bäume zu sein scheinen. Unter der Erdoberfläche sind sie aber durch ein dicht verzweigtes Wurzelsystem miteinander verbunden! Ähnlich ist es zum Beispiel mit unseren Fingern, von denen sich natürlich jeder separat bewegen kann; gleichzeitig sind aber alle Teil eines Systems, einer Hand. Generell trifft dies beim Menschen viel mehr zu, als wir denken. Es gibt einen Ausspruch im Zen, der besagt, wir seien wie Wasser und Milch; wenn man sie mischt, kann man sie nicht mehr unterscheiden, sie sind nicht zwei und sie sind nicht eins.

Die Wahrheit ist: Wir schwimmen in einem Ozean von Beziehungen – zu Ehepartnern, Kindern, Eltern, Geschwistern, Chefs, Gremien, Arbeitskolleginnen, Mitarbeitern, Lehrerinnen, Schülern, Kunden und all den anderen Menschen, die unsere Welt ausmachen. In Bezug auf viele physischen und materiellen Dinge, die uns umgeben, sind wir von anderen abhängig – Häuser, Elektrizität, Bekleidung, Nahrung. Sogar die saubere (oder nicht so saubere) Luft, die wir atmen, hängt von anderen ab. Jeder Aspekt unserer Welt – die Gesundheit unserer Familien, Gemeinschaften, politischen Systeme und des Planeten – ist von gegenseitigen Abhängigkeiten geprägt.

Diese Interdependenz geht weit über das Offensichtliche hinaus – über Freundschaft, Liebe, Essen, Bekleidung. Wir sind auch von anderen abhängig, was Musik, Mathematik, Politik, Wissenschaft, Kunst, Ethik, Überzeugungen und Ideen angeht. Die meisten von uns können nicht beweisen, dass die Erde sich um die Sonne dreht. Keiner von uns hat den Existenzialismus erfunden oder die Sprache oder das Internet.

Auf der fundamentalsten Ebene ist auch von anderen abhängig, wer wir sind, unsere Identität, unsere Werte, wie wir denken und wie wir uns und die Welt erleben. Wir sind geprägt und beeinflusst von unseren Familien, Freunden, sozialen Gemeinschaften, von unserer Erziehung, Religion (oder dem Fehlen einer religiösen Tradition) und der Gesellschaft. Das Ausmaß, in dem wir in einem Gewebe von Ideen, Überzeugungen und sozialer Gemeinschaft existieren, ist durch bewusstes Nachdenken nur schwer vollständig zu ermessen.

Und doch ist es Unabhängigkeit, was seltsamerweise oft am meisten bejubelt wird. Die »Nummer eins« zu sein – als wäre der einzelne erhobene Zeigefinger alles, was zählt, und nicht die ganze Hand. Wir meinen, wir sollten in der Lage sein, für uns selbst zu sorgen, alleine klarzukommen, aus eigener Kraft nach oben zu kommen und für unseren Lebensunterhalt, unsere Sicherheit und unsere soziale Situation niemand anderem etwas schuldig sein zu müssen. Natürlich sind persönliche Stärke, Selbstvertrauen und Selbstständigkeit hervorragende Eigenschaften, aber sie existieren nicht im luftleeren Raum. Ihr Sinn ist nicht, uns von anderen zu trennen und zu isolieren. Genauso wie Google feststellte, dass alle Teams gute Manager brauchen, um aufblühen zu können, spiegelt die vom Erfolg gekrönte Unabhängigkeit eines Individuums die Unterstützung durch eine größere Gemeinschaft wider.

Wenn das stimmt, warum vergessen wir dann das Faktum unserer gegenseitigen Abhängigkeit so oft oder versuchen, Abhängigkeit von anderen zu vermeiden? Nun, zum einen kann es riskant und beängstigend sein, die eigene Abhängigkeit zu erkennen. Von anderen abhängig zu sein, birgt potenzielle Enttäuschung oder den Schmerz, im Stich gelassen und verletzt zu werden. Jede enge geschäftliche, persönliche oder familiäre Beziehung bedeutet: Man verlässt sich darauf, dass jemand anderes da ist, der hilft, die Arbeiten zu machen, die man selbst nicht machen kann, der einen emotional unterstützt, der einen akzeptiert, der einen liebt.

Wir fühlen uns verwundbar, wenn wir von anderen abhängig sind. Vielleicht lassen sie uns im Stich und dann stehen wir mit unserem Schmerz und unserem Verlust alleine da. Da niemand gerne verletzt wird, möchten wir jede Abhängigkeit vielleicht lieber vermeiden und auch lieber nicht zugeben, wie abhängig wir im Grunde sind. Wenn wir das tun (falls wir es tun), stellt unsere Einstellung eigentlich mehr eine Abwehr gegen mögliche Verletzungen dar als eine Suche nach den Erfolgserlebnissen, die unserer Gemeinschaft, also allen, die uns unterstützen, zugutekommen und auf sie zurückstrahlen.

Dazu kommt: In einer Beziehung zu stehen, bedeutet, dass man nicht alles unter Kontrolle hat. Gut möglich, dass andere andere Ziele haben oder andere Ideen, wie diese Ziele zu erreichen sind, und dennoch können wir ohne die anderen nicht vorankommen. Zustimmung, Kooperation und Teamarbeit sind mitunter schwer zu erreichen, und daher scheint es manchmal einfacher, die Arbeit alleine zu machen, damit überhaupt etwas läuft. Wenn wir an unser Expertentum glauben, glauben wir vielleicht auch, dass unser Weg der einzige oder der beste Weg ist, etwas zustande zu bekommen, und dann vermeiden wir Diskussionen, Verhandlungen und Kompromisse.

Das Prinzip 6, »Sich auf andere verlassen«, kann jede Menge Widerstand in uns auslösen. Der nervöse Affe ist nicht gerne verwundbar, und deswegen wehrt er sich oft gegen jede Form der Abhängigkeit. Der fantasiebegabte Affe ist schnell mit allen möglichen »Worst Case«-Szenarien zur Stelle und erfindet alle möglichen Geschichten, was schiefgehen könnte oder wo Defizite sind. Sich auf andere zu verlassen, birgt enorme und immer neue Risiken, und doch läuft es auf ein paar ganz schlichte Ängste hinaus: Wenn wir uns auf andere verlassen, werden sie womöglich zur Gefahr, weil sie uns sabotieren oder schaden wollen (durch ihr Handeln oder Unterlassen). Oder sie lassen uns (zwangsläufig?) irgendwann im Stich, weil sie sich wegen eines besseren Partners oder eines besseren Jobs aus dem Staub machen – oder einfach dadurch, dass sie krank werden oder sterben.

Was auch immer die Gründe sind: Die Strategien, mit denen wir uns in unseren Beziehungen zu schützen versuchen, sind relativ leicht zu erkennen. Wir schirmen unsere Gefühle und Herzen gegen die Abhängigkeit von anderen ab, indem wir genau das tun, was wir von anderen befürchten:

- Wir lassen uns nicht voll und ganz auf eine Beziehung oder Gruppe ein.
- Wir versuchen, stark und unabhängig zu sein, um zu demonstrieren, dass wir eine Beziehung oder Gruppe eigentlich gar nicht brauchen.

- Wir suchen ständig nach anderen, besseren Beziehungen (nach neuen Mitarbeitern, Partnerinnen, Freunden) oder einem besseren Job; das heißt, wir gehen auf Nummer sicher und halten unser Vertrauen zurück.

Dieses Verhalten führt uns von Verbundenheit weg und fördert Entfremdung. Es kann unsere Stärken untergraben, weil wir damit auch Hilfe zurückweisen und so jede Hilfe, die wir bekommen könnten, entwerten. Emotional gesehen, tauscht es, im Namen des Selbstschutzes, Reichtum gegen Oberflächlichkeit ein, um nur ja nicht enttäuscht oder im Herzen getroffen zu werden. Es stellt eine Auffassung von Unabhängigkeit dar, die uns beim Erreichen unserer ersehnten Ziele in Wirklichkeit behindert.

Im Geschäftsleben gehört diese Art von Dilemma zu den ständigen Aufgaben, vor denen eine Führungsperson steht: Sie hat Angst, von denen, die sie führt, im Stich gelassen zu werden und dann schlecht auszusehen. Das ist der Grund, warum ich es für eine Kunst halte, sich auf andere zu verlassen – eine Kunst, die in vielerlei Hinsicht das definiert, worum es bei Mindful Leadership eigentlich geht. Sich auf andere zu verlassen, erfordert die praktische Übung und Kultivierung aller sechs anderen Achtsamkeitsprinzipien.

Ein kleines positives Beispiel dazu. Als ich Geschäftsführer des Search-Inside-Yourself-Leadership-Instituts war, beschloss ich, eine Politik der offenen Urlaubs- und Freizeitplanung einzuführen. Das bedeutete, dass die Mitarbeiterinnen und Mitarbeiter sich für ihre Erholung oder Retreats so viel freinehmen konnten, wie sie wollten – ohne Limit. Die einzige Vereinbarung war, dass alle ihre Arbeit erledigen und die vereinbarten Ziele und Leistungsstandards erreichen oder übertreffen sollten. Es gab kein spezielles Genehmigungsverfahren, bis auf die Vorgabe, dass die Mitarbeiter und Mitarbeiterinnen ihre Abwesenheitszeiten selbst koordinieren sollten. Das war mir wichtig, sowohl persönlich als auch im Hinblick auf die Firmenkultur. Ich wollte nicht, dass irgendjemand meine Abwesenheiten kontrollierte. Ich wollte Vertrauen und Unterstützung und wollte die anderen genauso behandeln.

Am Anfang merkte ich, dass ich wegen dieser Urlaubspolitik nervös und verletzlich war. Ich fragte mich, ob die Mitarbeiterinnen und Mitarbeiter sie nicht missbrauchen würden. Ich hatte die Sorge, man würde mich für einen Schwächling halten, jemanden, der auf Verantwortungsbewusstsein und Dringlichkeit der Projekte zu wenig achtet. Diese Sorge blieb ein paar Monate lang bestehen und in ein paar Fällen mussten wir Angestellte, die ihre Verpflichtungen nicht erfüllten, tatsächlich entlassen. Aber im Endeffekt half diese Politik (und noch ein paar weitere Ansätze, die den Angestellten viel Freiheit gaben und ihre Eigenverantwortung stärkten), eine Firmenkultur zu formen, die dynamisch, produktiv und fürsorglich war. Nicht nur wurde die Politik nicht missbraucht, nein, die Angestellten tendierten eher dazu, zu wenig freizunehmen. Ich musste sie daran erinnern, Retreats zu machen und Urlaub zu nehmen. Und das Engagement für die Arbeit und das Team war extrem hoch, ging manchmal geradezu durch die Decke.

Eine der interessanteren Lektionen, die mir diese Politik der offenen Urlaubsplanung bescherte, war folgende: Indem ich mehr Offenheit und Vertrauen zuließ, musste ich selbst auch bewusster und disziplinierter mit vereinbarten Zielen umgehen und musste auch heikle Gespräche führen, wenn vereinbarte Ziele nicht erreicht worden waren. Sich auf andere zu verlassen, kann, wenn es gut gemacht wird, eine paradoxe Mischung zustande bringen: Es ermöglicht größere Freiheit und Eigenverantwortung, während es gleichzeitig zu größerer Klarheit, Verantwortung und Leistung ermutigt.

VERSUCHEN SIE FOLGENDES: Registrieren Sie einfach die Art und Weise Ihrer Schwierigkeiten, sich auf andere zu verlassen. Wo sind Sie empfindlich? Inwiefern ist es für Sie eine Herausforderung, sich auf andere zu verlassen? Auf welche Weise sind Sie verwundbar, wenn Sie im Stich gelassen, enttäuscht und verletzt werden? Nehmen Sie Ihren Widerstand wahr, Ihr Widerstreben gegen diese Offenheit und Verwundbarkeit. Wo zeigt sich dieser Widerstand im Körper? Schreiben Sie Ihre Antworten ins Tagebuch.

Alleine zusammen meditieren

Die häufigste Frage zur Achtsamkeitsmeditation, die mir die Google-Mitarbeiter stellen, ist folgende: »Wie viel Zeit muss ich mindestens meditieren, damit es etwas bewirkt?« Meine Antwort lautet, dass die Mehrheit der wissenschaftlichen Studien, die die Wirksamkeit der Meditation gemessen haben, von täglich zwanzig Minuten über einen Zeitraum von acht Wochen ausgehen. Andere Studien berichten, dass auch viel kürzere Meditationsphasen Gehirnstruktur und Verhaltensmuster beeinflussen können. Und aus einer anderen Perspektive gesehen, nämlich aus meiner eigenen Erfahrung heraus: Ein bewusster, achtsamer Atemzug jeden Tag kann auch etwas bewirken.

Die zweithäufigste Frage der Google-Mitarbeiter ist: »Wie kann ich eine tägliche Achtsamkeitspraxis aufrechterhalten?« Meine Antwort: Wenn möglich, praktizieren Sie mit anderen – suchen Sie einen anderen Menschen oder eine Gruppe, um zusammen zu meditieren. Gemeinsam zu meditieren, und sei es nur einmal pro Woche, kann sich als enorme Unterstützung für die Praxis erweisen.

Mit anderen Worten: Sogar bei Achtsamkeit und Meditation kommt es auf andere an. Ich erlebte das, als ich im Alter von zwanzig Jahren im Zen-Zentrum von San Francisco zum ersten Mal an der frühmorgendlichen Meditation teilnahm. Ich wohnte damals im Sunset-Bezirk, ein paar Meilen westlich des Zentrums, und fuhr um fünf Uhr morgens quer durch die Stadt, um für die Meditation um 5:25 Uhr da zu sein. Ich betrat die Meditationshalle und setzte mich mit dem Gesicht zur Wand auf ein schwarzes Kissen. Zu meiner Linken saß eine Frau, die doppelt so alt wie ich schien. Sie trug einen hellbraunen Poncho. Wir hatten zwei je halbstündige Mediationsphasen mit zehn Minuten Gehmeditation dazwischen. Nach der zweiten Meditation gingen für die zwanzigminütigen Rezitationen alle nach oben. Danach fuhr ich wieder zu meinem Apartment im Sunset-Bezirk zurück.

Am nächsten Morgen fuhr ich durch die frühmorgendlich stillen, leer gefegten Straßen von San Francisco, betrat die Meditationshalle und setzte mich auf denselben Platz. Zu meiner Linken saß wieder die Frau im hellbraunen Poncho. Am nächsten Morgen, als der Wecker klingelte, fühlte ich mich müde und wollte lieber ausschlafen, statt meditieren zu gehen. Dann dachte ich: *Oh, die Frau im braunen Poncho wird mich vermissen!* Widerwillig stand ich auf und fuhr zum Meditieren – und tatsächlich war sie da. Meine Annahme, dass sie sich auf mich verließ, sogar auf diese völlig unbedeutende Art und Weise (in meiner Vorstellung), half mir, meine regelmäßige tägliche Meditationspraxis aufzubauen. Und ich denke, dass ich ihr auch geholfen habe.

Während der ersten Jahre meiner täglichen Meditationspraxis saß ich immer mit Gruppen, die im Allgemeinen vierzig bis achtzig Personen umfassten; entweder im Zentrum in San Francisco, in Tassajara oder auf der Green Gulch Farm (das sind die drei Zentren, die zusammen das »Zen-Zentrum San Francisco« bildeten). Dabei war die grundlegende Philosophie, in der ich ausgebildet wurde: Die Motivation und Legitimation für die Meditationspraxis sind vielschichtig. Ein zentraler Faktor dabei ist, innere Stärke zu entwickeln und sich vom rein egoistischen Selbst zu befreien. Zwei weitere primäre Faktoren sind: Wir meditieren, um andere in ihrer Praxis zu unterstützen. Unsere Präsenz und Motivation hilft anderen. Und wir meditieren, um unsere Fähigkeit zu entwickeln, anderen tiefgehender zuzuhören und zu antworten, wodurch unsere Fähigkeit, ihnen zu helfen, gesteigert wird.

Das bedeutet: Meditation und Achtsamkeit dienen nicht allein dem persönlichen Vorteil und sie sind nicht durch rein individuelle Anstrengung zu erreichen. Dasselbe gilt für die Kunst des Führens.

VERSUCHEN SIE FOLGENDES: Wenn es Ihnen schwerfällt, eine eigene regelmäßige oder tägliche Meditationspraxis aufrechtzuerhalten, dann suchen Sie sich einen Übungspartner oder eine Übungspartnerin! Einen anderen Menschen, mit dem oder der zusammen Sie jeden Morgen meditieren können, entweder real oder virtuell. Oder suchen Sie sich eine Meditationsgruppe, und wenn es nur einmal pro Woche ist. Einmal pro Woche zusammen mit anderen zu meditieren, kann Sie in Ihrer täglichen Praxis enorm unterstützen.

Wenn andere sich darauf verlassen, dass Sie zur Stelle sind, ist es wahrscheinlicher, dass Sie meditieren. Gemeinsames Meditieren erweitert den Erfahrungshorizont und bereichert Ihre Gesamtmotivation und Intention. Natürlich praktizieren wir für uns selbst, aber wenn wir zusammen mit anderen meditieren, stellen wir fest, dass wir auch praktizieren, um andere zu unterstützen. Wir erkennen: Unsere Motivation und Präsenz unterstützt die Motivation und Präsenz von anderen.

Mindful Leadership erzeugt Gemeinschaft und stärkt andere

Die Menschen denken oft: Führen heißt machen, und zwar alles machen, was nötig ist. Allein! Die populäre Vorstellung ist der alle überragende Held, der es im Alleingang richtet: von James Bond über Charlize Theron im Film »Atomic Blonde« bis zum Ex-Chef von Apple, Steve Jobs. Es war jedenfalls meine Vorstellung, als ich meine ersten beiden Firmen, Brush Dance und ZBA Associates, gründete und aufbaute. Ich hatte den großen Wunsch und eine starke Tendenz, alles alleine machen zu wollen. Trotz meiner Erfahrungen in der Zen-Küche dauerte es Jahre, bis ich die Erfahrung und die Zuversicht hatte, mich kontinuierlich auf andere zu verlassen und ein Team beharrlich zu selbstständigem Handeln ermuntern zu können. Die landläufige Vorstellung vom unabhängigen »starken Mann« ist schwer zu erschüttern und kann zu einer ganz schlechten Gewohnheit werden (ich bin immer noch nicht so weit, sie ganz abzulegen).

Als Beispiel: Vor ein paar Jahren sagten mir innerhalb kurzer Zeit ein paar Freundinnen und Kollegen, sie seien interessiert, an einer wöchentlichen Meditationsgruppe teilzunehmen. Sie waren fest entschlossen, eine regelmäßige Meditationspraxis aufzubauen, und hielten die Teilnahme an einer wöchentlichen Gruppe als hilfreich dafür. Natürlich stimmte ich ihnen rückhaltlos zu und beschloss, in meinem Wohnort eine Meditationsgruppe zu starten und sie »Mill Valley Zen« zu nennen. Es schien mir ganz natürlich, dieses Projekt zu leiten, um andere damit zu unterstützen.

Also mietete ich im örtlichen Gemeindezentrum einen Raum, in dem wir uns jeden Mittwochabend trafen. Ich leitete die Meditation und nach einem kleinen Vortrag das Gespräch in der Gruppe. Nach ein paar Monaten blieben (aus verschiedenen Gründen wie Jobwechsel, neue Beziehung, zu viele Termine usw.) die ursprünglichen Teilnehmenden einer nach dem anderen weg, es kamen neue Leute und es entwickelte sich eine kleine Gemeinschaft.

Trotz meiner Vollzeitstelle nahm ich meine Rolle als Meditationsleiter ernst, bereitete jede Woche einen kleinen Beitrag vor oder las etwas Passendes aus einem Zen-Buch. Ich erledigte auch routinemäßig alle organisatorischen Aufgaben: zahlte die wöchentliche Miete im Gemeindezentrum, schloss vor dem Treffen die Türen auf, sammelte die Spenden ein und schloss nach dem Treffen wieder ab. Wenn ich unterwegs war und nicht kommen konnte, sorgte ich dafür, dass eine erfahrene Lehrerin oder ein erfahrener Lehrer mich vertrat.

Jahre vergingen. Ich fand die Gruppe zwar sehr inspirierend, aber manchmal auch ziemlich anstrengend. Nach sieben Jahren empfand ich sie eher als eine Last, und eines Mittwochabends verkündete ich, dass ich eine Pause machen wollte – eine lange Pause – na ja, also eigentlich ganz aufhören.

Ein paar Tage später bekam ich von einem der Gruppenmitglieder eine E-Mail, in der ich zu einem Abendessen vor dem nächsten Treffen eingeladen wurde. Bei dem Abendessen waren acht Mitglieder da und teilten mir mit, dass sie meinen Rücktritt nicht akzeptieren wollten. Sie wollten eine Lösung finden, die es ermöglichen würde, dass ich weiter lehrte, dabei aber keine weiteren Verpflichtungen hatte. Sie beschlossen, mir mein Quittungsbuch wegzunehmen und die Miete zu zahlen (mithilfe der wöchentlichen Spenden, die sie einsammelten). Sie nahmen mir die Schlüssel ab, damit andere die Türen zu unserem Raum auf- und abschließen konnten, und sie boten an, abwechselnd die Leitung der Gruppe selbst zu übernehmen, wenn ich unterwegs war. Sie wollten, dass ich als Zen-Lehrer da sein sollte, wann immer es mir möglich war.

Ich war überrascht, gerührt und glücklich über diese Wendung der Dinge. Für mich war es ein großes Aha-Erlebnis. Ohne darüber nachzudenken, hatte ich die gesamte Organisation dieser Gruppe übernommen. Mir war mein Widerstand gegen die Mitwirkung der anderen – und wie das das Wachstum der Gruppe erstickte – gar nicht bewusst gewesen. Durch meinen eigenen Unabhängigkeitsdrang hatte ich, natürlich nicht bewusst, das Engagement der Mitglieder untergraben. Teil dieser Dynamik war die Gewohnheit, in die wir so oft verfallen: zu denken, wir müssten alles allein machen. Und teilweise hatte ich auch zugelassen, dass meine eigene Angst – die Angst, von anderen im Stich gelassen und enttäuscht zu werden – mich daran hinderte, die Kontrolle abzugeben.

An jenem Abend wurde die echte Gemeinschaft Mill Valley Zen geboren. Aus *meiner* Gruppe wurde *unsere* Gruppe. Diese Wendung – dass ich mich zuerst nicht auf andere verließ, es dann aber tat – veränderte unsere Beziehungen und transformierte die Mill-Valley-Zen-Gemeinschaft.

Wenn wir Eltern sind oder andere führen, ist oft eine ganz ähnliche Dynamik und Struktur am Werk. Wenn ich zurückschaue und nachdenke, wie es war, als unsere Kinder klein waren, dann sehe ich, dass ich oft die Tendenz hatte, ihnen zu viel abzunehmen und zu wenig von ihnen zu erwarten. Als ich dann aufhörte, sie morgens zu wecken, und erwartete, dass sie selbstständig aufstanden, stärkte das ihre Eigenverantwortung. Ähnlich erwartete ich dann auch, dass sie morgens ihr Pausenbrot selbst vorbereiteten und eine ganze Reihe alltäglicher Dinge alleine erledigten. Als meine Kinder älter wurden und sich allmählich selbstständig in der

Welt zurechtfanden, hatte ich wieder eine starke Tendenz, sie unterstützen zu wollen. Mein Leitsatz für die Beziehung zu den Kindern wurde dann: »Ich unterstütze sie, damit sie selbstständig werden.« Das half mir tatsächlich sehr, weil es einen Weg aufzeigte, wie ich fürsorglich sein und ihre Entwicklung unterstützen konnte.

Als Führungsperson habe ich noch oft mit dieser Tendenz zu kämpfen, alles auf eigene Faust zu machen und Verantwortung für andere zu übernehmen, statt Interdependenz, Zusammenarbeit und kollektive Verantwortung zu fördern. Das ist ein weiterer, wichtiger Nutzen dieser Praxis: Indem wir unser »Bedürfnis« nach Unabhängigkeit aufgeben und zulassen, von anderen abhängig zu sein, stärken wir andere und helfen mit, dass eine selbstverantwortliche Gemeinschaft entsteht.

VERSUCHEN SIE FOLGENDES: Machen Sie eine kurze Bestandsaufnahme der Menschen, die von Ihnen abhängig sind. Schreiben Sie auf, inwieweit andere von Ihnen abhängig sind, und erkennen Sie das an. Erkennen und reflektieren Sie gleichzeitig, wie Sie von anderen abhängig sind. Lassen Sie sich ganz in diese gegenseitige Unterstützung fallen und nehmen Sie sie voll an. Erlauben Sie sich, sich von den Menschen in Ihrem Leben getragen und beschützt zu fühlen, und erkennen Sie an, wie wiederum Sie dieses Gefühl anderen geben. Reflektieren Sie in Ihrem Tagebuch, wie viel Reichtum und Sinnerfüllung Ihnen das gegeben hat. Niemand ist vollkommen; Sie sind von anderen schon im Stich gelassen worden, aber auch Sie haben andere schon im Stich gelassen. Egal. Würdigen Sie jetzt, in diesem Moment, Ihre wichtigsten Beziehungen und die verschiedenen Rollen, die sie in Ihrem Leben haben.

Teamaufbau bedeutet: Unterschiedliche Arbeitsstile verstehen

In jeder Gruppe, jedem gemeinschaftlichen Unternehmen, aber vor allem bei der Arbeit ist es hilfreich, die Stärken, Schwächen und Neigungen jedes Einzelnen zu verstehen. Das macht es möglich, trotz individueller Vorlieben und Einschränkungen starke Teams aufzubauen, und das ist ein wichtiger Aspekt jeder Teamarbeit.

Es ist offensichtlich, dass das bei Ihnen selbst anfängt: Wie ist Ihr Führungs- und Arbeitsstil? Ist Ihnen überhaupt bewusst, dass Sie einen Stil haben? Gehen Sie die vier nachfolgend aufgelisteten Kategorien einmal durch. Welche Kategorie (oder Kombination von Kategorien) beschreibt Sie am besten? Natürlich sind wir alle fähig, je nach Kontext und situativen Erfordernissen, jede dieser Kategorien zu verkörpern, aber zu welcher tendieren Sie im Allgemeinen? Welches ist Ihr vorherrschender Stil?

- **DER VISIONÄR:** Sie sind ein Mensch mit aktiver Imagination, mit vielen Ideen, oft gigantischen Ideen, und es gefällt Ihnen, wenn andere sich um diese Vision scharen. Ein Vision zu haben und zu verfolgen, gibt Ihnen sehr viel Energie.

- **DER ORGANISATOR:** Sie haben gerne Ordnung in den Dingen; Sie mögen Abläufe, entwerfen Systeme und überwachen Dinge. Es bringt Sie in Schwung, wenn Sie Systeme organisieren, überwachen und aufbauen können.

- **DER SOZIALE TYP:** Ihr Hauptaugenmerk sind die Menschen – sie möchten mit anderen arbeiten, sie verstehen und ihnen helfen. Sie ziehen eine Menge Energie und Befriedigung daraus, dass Sie mit anderen Menschen zu tun haben.

- **DER MACHER:** Ihnen geht es darum, etwas geschafft zu kriegen. Es gefällt Ihnen, wenn Sie etwas von der To-do-Liste streichen können, Projekte abschließen und neue starten können.

Wenn Sie Ihren dominanten Stil entdeckt haben, versuchen Sie, in Ihrem Tagebuch folgende Fragen zu beantworten:

- Was ist an Ihrer Rolle besonders und besonders wichtig?
- Was sollten die anderen Rollentypen darüber wissen, was Sie tun und was Sie erreichen?
- Wie denken Sie, wird Ihre Rolle von den anderen Rollentypen missverstanden oder nicht richtig gewürdigt?

Der Zweck dieser Übung ist weniger, dass Sie sich als Typus definieren, sondern vielmehr, vier ganz wesentliche Blickwinkel zu verstehen, die jede Organisation zum Funktionieren braucht. Jede Organisation braucht diese vier unterschiedlichen Perspektiven, es gibt aber nur wenige Menschen, die alle vier gleichermaßen genießen und vorbildlich ausfüllen. Jeder Blickwinkel erfüllt einen wichtigen Zweck, und viele Gruppen weisen bestimmten Personen diese Verantwortlichkeiten als Rolle zu, ob nun formell in einem Titel oder informell, als Teil der kollektiven Erwartung der Gruppe. Visionäre wollen eine Organisation in Richtung eines großen und hehren Ziels führen, und die Organisatoren brauchen die Visionäre, um ein Ziel für ihre Anstrengungen zu haben. Ohne System aber würden die Visionäre die Organisation ins Chaos führen. Zu allen Gruppen gehören Verhandlungen, Kompromisse und Zusammenarbeit, also braucht man auch Menschen, die sich wohlfühlen, wenn sie Konflikte managen und Konsens herbeiführen können, weil sonst gar nichts passiert. Und schließlich braucht man Menschen, die sich gerne die Hände schmutzig machen und das tun, was – außer Denken, Reden und Planen – eben getan werden muss.

VERSUCHEN SIE FOLGENDES: Denken Sie an eine Gruppe, mit der Sie bei der Arbeit, in Ihrem sozialen Umfeld oder in der Familie arbeiten. Reflektieren Sie, welchem der vier Typen der Arbeitsstil jeder einzelnen Person entspricht; Sie können auch eigene Kategorien erfinden, wenn Sie wollen.

Fragen Sie sich dann, ob diese Gruppe ausgeglichen und komplett ist. Ist jede notwendige Rolle abgedeckt? Welche Fähigkeiten fehlen vielleicht?

Zusammenarbeit heißt: Normen verstehen

Es gibt viele Gründe, warum das Thema Achtsamkeit in der Wirtschaftswelt neuerdings so gesteigertes Interesse erfährt. Ein Hauptgrund ist, so glaube ich, die Erkenntnis, dass es einen starken Zusammenhang gibt zwischen Erfolg und Kreativität einerseits und der Fähigkeit der Mitarbeiterinnen und Mitarbeiter zur Zusammenarbeit andererseits – sich also im Team zu vertrauen und gegenseitig wirkungsvoll zu unterstützen. Der Leiter einer Ingenieursabteilung bei Google sagte mir einmal: Es ist zwar wichtig, richtig clevere Leute im Team zu haben, aber noch wichtiger ist die Art und Weise, wie ein Team interagiert, sich gegenseitig vertraut und gesunde Wege findet, mit Konflikten umzugehen. Ein Team findet Lösungen und hat Erfolg, wenn es Interdependenz kultiviert, gegenseitige Verlässlichkeit. Das ist natürlich dieselbe Art von Lektion, wie ich sie in der Zen-Küche lernte, wo Achtsamkeitspraxis – das Entwickeln von Selbstwahrnehmung und das Kultivieren einer Haltung von Wissbegier und Großzügigkeit – als Schlüsselelement erfolgreicher Zusammenarbeit gilt.

Das Wort »Zusammenarbeit« ist derzeit im Geschäftsleben in aller Munde. Der Artikel »Zu viel auf dem Zettel« im *Harvard Business Manager* vom März 2016 beginnt mit diesen Beobachtungen und Statistiken:

> Teamarbeit oder andere Formen der Gruppenarbeit haben in den vergangenen Jahren unsere Arbeitswelt erobert. In einer immer durchlässigeren und globalen Geschäftswelt scheinen starre Organisationsstrukturen die falsche Wahl zu sein. Eine enge Vernetzung der Mitarbeiter untereinander gilt inzwischen als Basis für den Unternehmenserfolg. Wir haben in den vergangenen 20 Jahren

zahlreiche Daten zum Thema gesammelt. Die Zeit, die Vorgesetzte und Mitarbeiter mit kooperativen Tätigkeiten verbringen, hat demnach um mehr als 50 Prozent zugenommen.*

Im Jahre 2012, ein paar Jahre, nachdem Google die Wichtigkeit guter Führungskräfte bestätigt bekommen hatte, startete der Konzern ein neues Forschungsprojekt, genannt »Projekt Aristoteles«. Man wollte wissen, warum manche Teams unterdurchschnittliche Leistungen brachten, manche durchschnittliche und manche außergewöhnlich gute. Durch Forschung und massives Datensammeln sollte geklärt werden, was das perfekte Team ausmacht. Über einen Zeitraum von mehr als einem Jahr schauten sie sich die Daten an und interviewten Mitarbeiterinnen und Mitarbeiter von 180 Teams in verschiedenen Unternehmensbereichen, um das verbindende Muster zu finden.

Zuerst waren sie verblüfft. Alle Datensammelei erbrachte herzlich wenig Informationen darüber, was die Gruppen voneinander unterschied. Sie waren nicht sicher, ob sie überhaupt die richtigen Fragen gestellt hatten. Dann entdeckten sie im Laufe der Befragungen etwas, was sie zunächst einmal die »Normen« der zusammenarbeitenden Leute nannten. Normen sind Übereinkünfte oder ungeschriebene Regeln, die Erwartungen und Verhaltensmaßstäbe festlegen und dadurch steuern, wie Menschen interagieren. Diese Normen bilden die reale Lage, den Boden der Tatsachen; sie definieren, wie Leute sich tatsächlich verhalten (im Gegensatz zu dem, was sie erstreben oder wie sie sich angeblich gerne verhalten würden). Normen definieren die Kultur eines Unternehmens und letzten Endes das Niveau an Vertrauen, Offenheit oder Verletzlichkeit und Funktionstüchtigkeit eines Teams. Normen können zwischen Gruppen aber differieren; Gruppen können ihre eigenen

* Rob Cross, Reb Rebele und Adam Grant, Zu viel auf dem Zettel, *Harvard Business Manager, 3* (2016), S. 44.

Normen haben, die von denen der Gesamtorganisation in größerem oder kleinerem Maße abweichen.

Die Normen der Zen-Küche wurden von der Achtsamkeitspraxis beeinflusst, weil wir Zen-Schüler in einem Zen-Kloster waren. Zwangsläufig achteten wir darauf, wie gut verschiedene Gruppen arbeiteten, um auf die Standards der Küche und das Wohlbefinden jedes Beteiligten hinzuarbeiten. Dazu gehörte, was ich gerne »Präsenz« und »lebendige Verkörperung« nenne – die Einschätzung, wie gut die Worte, die Werte, das Herz, die Körpersprache und das Verhalten eines Menschen miteinander im Einklang sind; wie viel echte Anteilnahme und Fürsorge ein Mensch ausstrahlt; wie offen jeder Mensch für Feedback ist; und wie verletzlich er oder sie ist.

Im Allgemeinen beeinflusst Achtsamkeitspraxis die Normen in den meisten Firmen und Unternehmen heutzutage *nicht,* und das ist ein wichtiger Grund dafür, dass Mindful Leadership so entscheidend ist. Durch unser eigenes Beispiel und unsere Bemühungen können wir eine Norm der Achtsamkeit aufbauen helfen, die die Zusammenarbeit und Interaktion von Gruppen verbessert, sodass etwas geleistet wird. Wir können die sieben Prinzipien nutzen, um die Normen überdurchschnittlicher Teams aufbauen zu helfen, die Google im Aristoteles-Projekt herausgearbeitet hat. Googles Abschlussbericht hielt fest, dass zu diesen Normen psychologische Sicherheit, Struktur und Klarheit, Verlässlichkeit, Sinnhaftigkeit und Einfluss gehören.

PSYCHOLOGISCHE SICHERHEIT: Die Teammitglieder haben ein hohes Maß an Vertrauen und Verletzlichkeit entwickelt. Keine einzelne Person dominiert die Diskussionen; bei Diskussionen sprechen alle ungefähr gleich viel. Die Teammitglieder zeigen ein hohes Maß an emotionaler Intelligenz (Kriterium dafür ist ihre Fähigkeit, die Mimik von anderen zu lesen).

In gewisser Weise ist alle Achtsamkeitspraxis ein Instrument, um größere psychologische Sicherheit zu entwickeln. Bei der Arbeit bedeutet das, dass jeder im Team offen, wissbegierig und verletzlich ist. Jeder arbeitet mit den Prinzipien »Kein Experte sein wollen«, »Den eigenen Schmerz berühren« und »Den Schmerz anderer berühren«.

STRUKTUR UND KLARHEIT: Überdurchschnittlich leistungsfähige Teams zeigen klare Ziele und klare Rollen für die Teammitglieder. Das war etwas, was in der Küche des Zen-Klosters wirklich sehr gut lief: Wir steckten uns klare Ziele und vergaben klare Aufträge. Es scheint selbstverständlich, aber es wird trotzdem nicht so gut beachtet, wie es eigentlich sein sollte – dass jeder Beteiligte genau weiß, was für ihn oder sie, für das Team und für die Organisation Erfolg ist.

VERLÄSSLICHKEIT: Übereinkünfte wurden respektiert und Deadlines und Erwartungen wurden klar kommuniziert. Meine Erfahrung (beispielsweise mit der Politik der offenen Freizeit- und Urlaubsgestaltung am SIYLI) ist, dass dazu der Aufbau eines routinemäßigen Systems in Bezug auf Berichte, Maßnahmen und Feedback nötig ist.

SINNHAFTIGKEIT: Die Arbeit, die das Team leistete, hatte für jedes Mitglied auch eine persönliche Bedeutung. Herauszuarbeiten, was bedeutungsvoll ist, ist sowohl für die Teamleitung als auch die Teammitglieder ein fortlaufender Prozess, der ein regelmäßiges Formulieren (Storytelling) von angestrebten Idealen sowie Erfolgen und Fehlschlägen erfordert. Für die Teamleitung bedeutet das, andere zu inspirieren, ob sie nun Essen kochen oder eine Suchmaschine programmieren. Es bedeutet auch, dass es zum Aufgabengebiet jedes Teams gehört, auf die persönliche Entwicklung und das Wohlbefinden jedes einzelnen Mitglieds zu achten.

EINFLUSS: Die Arbeit des Teams ist zielgerichtet und wird als positive Einflussnahme gesehen. Einfluss kann auf verschiedenen Ebenen erlebt werden: zum Beispiel, dass Zusammenarbeit das Wohlbefinden jedes Teammitgliedes und des Teams insgesamt fördert, dass das Team die

Abteilung oder die Firma beeinflusst und dass die Organisation ihre Kunden und die Gesellschaft beeinflusst.

VERSUCHEN SIE FOLGENDES: Gemessen an diesen Kategorien: Wie schneidet Ihr Team ab? Psychologische Sicherheit, Struktur und Klarheit, Verlässlichkeit, Sinnhaftigkeit und Einfluss? Wo läuft es gut und wo braucht das Team mehr Aufmerksamkeit? Mit welchen Veränderungen und Modifikationen könnten Sie und Ihr Team eine erfolgreiche Zusammenarbeit fördern und steigern?

Meetings: Mindful Leadership in der Praxis

Ah, Meetings! Jedes Mal, wenn ich das Wort ausspreche, verdrehen die Zuhörenden entweder die Augen oder fangen an zu schwitzen. Auf keiner Ebene in (fast) keiner Firma, mit der ich je gearbeitet habe, haben die Mitarbeiterinnen und Mitarbeiter mit ihrer Verachtung für Meetings und Konferenzen hinter dem Berg gehalten: »Ich komm ja vor lauter Meetings gar nicht mehr zum Arbeiten!«

Ich liebe Meetings! Das heißt, ich liebe Meetings, die gut geplant sind, die gut durchgeführt und als lebensnotwendig betrachtet werden, damit die Gruppe funktioniert. Meetings sind lebensnotwendig, um gute Arbeitsbeziehungen zu pflegen, Information auszutauschen und Probleme zu lösen. Sie sind der Ort, wo die Gruppe die Arbeit leistet, durch die sie erfolgreich wird, und wo sie das plant und organisiert, was ausgeführt werden muss. Sie sind der Ort, wo die positive Kultur der Zusammenarbeit kultiviert und lebendig verkörpert wird. Das war eine der Lektionen der Zen-Küche: Meetings sind Gelegenheiten zur Achtsamkeit, die sich im Eifer des alltäglichen Gefechts schwer finden lassen, und wenn Achtsamkeit in ihnen aufblüht, schlägt sich das in der gemeinsamen Arbeit aller nieder.

Die Art und Weise zu ändern, wie Meetings abgehalten werden, ist für mich der schnellste und nachhaltigste Weg, die Kultur einer Firma zu verändern. Daran glaube ich unerschütterlich und ich habe es schon Tausenden von Firmenchefs auf der ganzen Welt ans Herz gelegt. Es ist eigentlich egal, was eine Firma macht oder produziert: Wenn Sie die Kultur der Organisation verändern oder verbessern wollen, dann konzentrieren Sie sich darauf, wie Ihre Führungskräfte die Meetings leiten.

Man könnte auch sagen: Die Aktion, die die Mitwirkung jedes Einzelnen in der Gruppe erfordert, und die Aktion, bei der im Hinblick auf das Ergebnis jeder die gleichen Mitwirkungschancen hat – die findet dann statt, wenn die Gruppe zusammenkommt, um ihre Arbeitsweise zu koordinieren, um zu entscheiden, was gemacht werden muss, und um zu bewerten, wie gut die bisherige Arbeit gelaufen ist. Auf der praktischen Ebene sind Meetings normalerweise der Ort, wo die Normen der Gruppe festgelegt werden, und wenn achtsame Führungskräfte versuchen, ein kooperatives, kollegiales, hilfsbereites Umfeld zu kultivieren, so ist das Meeting der Platz dafür. Sie sind ein wichtiger Ort, an dem »Sich auf andere verlassen« geübt werden kann.

Wenn Meetings das erreichen, wozu sie da sind, werden sie für eine ganze Reihe von Zielen zum unverzichtbaren Werkzeug. Das Erste, was dafür geklärt und entschieden werden muss, ist, welche Art von Meeting man abhält. Meetings können nämlich verschiedene Intentionen haben:

- **TEAMBILDUNG:** Meetings können dazu dienen, Verbundenheit zu fördern und Vertrauen aufzubauen.
- **INFORMATIONSAUSTAUSCH:** Meetings können abgehalten werden, damit alle gegenseitig besser verstehen, wer was tut (oder vielleicht wie jemand arbeitet), damit Probleme und Erfolgschancen sichtbar gemacht werden können.
- **PROBLEMLÖSEN:** Meetings können sich darauf konzentrieren, für konkrete und immer wieder auftauchende Herausforderungen Lösungen zu finden.

- **BRAINSTORMING:** Meetings können neue Möglichkeiten sichtbar machen, indem sie den Weisheitsschatz der Gruppe nutzbar machen.
- **PLANUNG UND KOORDINATION:** Bei vielen Meetings geht es darum, anstehende Arbeiten zu koordinieren, indem klare Fristen und Ziele festgelegt werden und geklärt wird, wer was bis wann zu tun hat.
- **KOMMUNIKATION:** Wenn Menschen nicht gut kommunizieren oder die Gruppe nicht erfolgreich zusammenarbeitet, kann ein Meeting die Arbeitsweise der Gruppe thematisieren sowie spezifische Kommunikationsprobleme, die auftauchen.

Natürlich sollte man nicht versuchen, all diese Ziele in einem einzigen Meeting zu erreichen, aber die Liste enthält die wichtigsten Gründe für ein Zusammentreffen. Ohne diese Vorbereitung kann die Arbeit selbst nicht so erledigt werden, wie es für eine erfolgreiche Firma oder Organisation nötig ist. Weiterhin erfordert jedes dieser Ziele ein hohes Niveau an Achtsamkeitspraxis – alle sieben Prinzipien sollten mit einbezogen, umgesetzt und lebendig vorgelebt werden.

Wie man ein Meeting organisiert

Für mich braucht es für ein erfolgreiches Meeting zwei Hauptkomponenten: Normen und Durchführung. Die Präsenz, das Verhalten und die Haltung einer achtsamen Führungsperson bringen die positiven Teameigenschaften hervor, die in Googles Aristoteles-Projekt beschrieben sind. Diese Normen, vor allem die psychologische Sicherheit, sind nicht nur für hoch leistungsfähige Teams wichtige Faktoren, sondern auch für hoch leistungsfähige Meetings! Ohne diese Normen ist die Frage nach der Durchführung irrelevant. Andererseits ist ein klar strukturiertes und gut geführtes Meeting mit einem sinnvollen Ziel genau das, was zum Aufbau dieser gesunden

Normen beiträgt. Wenn jeder davon ausgeht, dass Meetings positiv und produktiv sind, sind alle mit einer positiven und produktiven Einstellung dabei – und das ist natürlich ideal, um etwas zu erreichen.

Die erfolgreiche Durchführung eines Meetings hängt von drei Dingen ab: Vorbereitung, Durchführung und Nachbereitung (Follow-up).

VORBEREITUNG: Bevor Sie ein Meeting anberaumen, klären Sie für sich selbst und andere den Zweck des Treffens, welcher Typ von Meeting es sein soll, wer dabei sein sollte und wie die Tagesordnung aussieht. Um zu klären, welchem Zweck das Meeting dienen soll, kann man sich als Test das angestrebte Ergebnis vorstellen. Was wäre das ideale Ergebnis dieses Meetings?

Legen Sie dann den Typ des Meetings fest, wobei Sie sich an der obigen Liste orientieren. Soll es um Teambildung gehen, um Brainstorming oder um Problemlösung? Probieren Sie je nach situativer Notwendigkeit verschiedene Typen aus. Vermeiden Sie das Gewohnheitsmuster, Woche für Woche dieselbe Art von Meeting abzuhalten (es sei denn, es ist für alle Beteiligten notwendig, überzeugend, lebendig und nützlich). Ich habe schon oft erlebt, wie bei Meetings immer wieder im selben Trott von jedem berichtet wird, was er oder sie gerade macht. Das kann ab und zu sinnvoll sein, aber nicht immer, und es ist nur ein Typus oder einer der möglichen Gründe für ein Meeting.

Ein kritischer und oft übersehener Aspekt eines Meetings ist die Frage, wer anwesend sein sollte. Achten Sie darauf, die richtigen Personen und die richtige Anzahl von Personen einzuladen, damit die anvisierten Ziele erreicht werden können. Wichtig ist auch die Entscheidung, wie oft man sich trifft. Experimentieren Sie. Ich habe erlebt, wie Teams von wöchentlichen zu monatlichen Zusammentreffen übergegangen sind, aber auch, dass Teams merkten, dass sie sich öfter treffen müssten, als sie es bisher getan hatten.

Und schließlich ist ein weiterer offensichtlicher und oft übersehener Aspekt eines gut durchgeführten Meetings die Tagesordnung. Was ist der Plan, was sind die Prioritäten? Wie viel Zeit soll auf jeden Punkt verwendet werden? Seien Sie konkret und teilen Sie den Teilnehmenden die Tagesordnung mit, damit sie sich vorbereiten können.

DURCHFÜHRUNG: Übergänge sind wichtig – eröffnen und beschließen Sie ein Meeting also auf eine Art, die Präsenz und Fokussierung fördert. Ich empfehle Schweigen, wenn möglich. Schon dreißig Sekunden oder eine Minute stilles Sitzen können die Energie im Raum bündeln und beruhigen und Achtsamkeit fördern. Ich empfehle auch, wenn möglich, eine Art »Eingangstür« zu schaffen, indem jeder das Wort ergreifen und sagen kann, was bei ihm oder ihr gerade los ist, und wenn es nur in ein, zwei Worten ist.

Beschließen Sie das Meeting dann auf ähnliche Weise. Genauso wichtig wie die Eröffnung eines Meetings ist die Art, wie es endet. Ich höre gerne von jedem noch einmal ein, zwei Worte oder lasse wieder einen Moment der Stille eintreten. Suchen Sie einfache Eröffnungs- und Schlussrituale, die achtsame Bewusstheit fördern und eine Atmosphäre der Sicherheit, Verbundenheit und Fürsorge schaffen.

Was das Meeting an sich angeht, so stellen Sie sicher, dass jemand für die Diskussionsleitung zuständig ist und die Gruppe fokussiert und in der Spur hält, um nicht vom Thema und der Tagesordnung abzuweichen. Diese Leitung übernimmt nicht unbedingt die Führungsperson, sondern ein zuvor ausgewähltes Mitglied der Gruppe. Geschickt wird diese Leitungsfunktion dann ausgeübt, wenn sie achtsam ist: wenn sie ein Auge auf die Energie, die Gefühle und Emotionen der Gruppe hat, Konflikte und Meinungsverschiedenheiten regelt und sicherstellt, dass die Diskussion auch das behandelt, was sie soll.

Wenn es Zeit ist, das Meeting zu beenden, fassen Sie (vor dem Schlussritual) das Ergebnis zusammen und halten Sie alles, was sofort gemacht werden muss, fest. Formulieren Sie es explizit aus und lassen Sie die Gruppe daran teilhaben, was entschieden wurde und was noch entschieden werden muss. Formulieren Sie klar, wer was bis wann zu machen hat.

NACHBEREITUNG: Ich empfehle allgemein, ein Meeting mit einem Gruppengespräch nachzubereiten, in dem benannt wird, was wie vereinbart sofort gemacht werden muss und was die nächsten Schritte sind. Dabei wird nicht das ganze Meeting noch einmal durchgegangen, sondern es dient als Gedächtnisstütze und Zusammenfassung dessen, was gemacht werden muss und wer es macht. Das ist unbedingt notwendig, damit Meetings auch Teil der kontinuierlichen Weiterentwicklung von Projekten sind und daran mitwirken, dass die übergreifenden Ziele und Visionen insgesamt erreicht werden.

Ein gutes Meeting verkörpert beispielhaft die Kultur der Achtsamkeit

Probieren und erforschen Sie, wie Meetings in Ihrer Firma, Ihrem Arbeitsumfeld, Ihrer Gruppe zum Funktionieren gebracht werden können. Sich auf ein Meeting vorzubereiten, braucht Zeit, aber es ist meiner Erfahrung nach gut investierte Zeit. Gute Meetings verkörpern beispielhaft die Kultur der Achtsamkeit, die jede Unternehmung und alle, die daran beteiligt sind, zum Erfolg führt.

Zum Beispiel Plantronics. Plantronics ist ein börsennotiertes Unternehmen im kalifornischen Santa Cruz, das als eines der ersten Unternehmen außerhalb von Google an dessen Search-Inside-Yourself-Trainingsprogramm zu Achtsamkeit und emotionaler Intelligenz teilnahm. Und eines der Dinge, die sie als Erstes änderten, betraf die Art, wie Meetings abliefen – was sich signifikant positiv auswirkte!

Zu der Zeit trafen sich die Teilnehmerinnen und Teilnehmer des Search-Inside-Yourself-Trainings sieben Wochen lang einmal wöchentlich. Bei Plantronics nahmen fünfzig Topmanager und Führungskräfte teil, darunter der Firmenchef und der Chef der Personalabteilung. Im Laufe dieser Wochen gelang es uns, eine Atmosphäre der Sicherheit und Fürsorge zu schaffen. Viele Teilnehmenden berichteten, sie hätten, obwohl sie schon zehn, zwanzig Jahre oder noch länger zusammenarbeiteten, nur selten oder noch gar nie auf eine Weise miteinander geredet, in der Offenheit, Verletzlichkeit, Verbundenheit und Vertrauen entstehen konnten.

Die Auswirkungen waren schlagartig spür- und oft sogar messbar. Nach der siebenwöchigen Schulung berichtete die Firma, ihre Meetings seien viel fokussierter und produktiver. Es werde in weniger Zeit mehr erreicht, was signifikante Einsparungen erbracht habe. Führungspersonen sagten auch, die Arbeitsmoral sei besser geworden, wodurch die Firma mehr erreichte und ein besserer Arbeitgeber wurde – zum großen Teil deshalb, weil sie ihre Meetings verbesserte. Nicht alle Veränderungen resultierten aus Meetings, aber ich staune immer wieder, wie bedeutsam und wirkungsvoll Achtsamkeitspraxis sein kann.

VERSUCHEN SIE FOLGENDES: Evaluieren Sie die Meetings an Ihrem Arbeitsplatz. Was auch immer Ihre Rolle ist, wie könnten Sie Achtsamkeit einbringen und mithelfen, dass Meetings besser funktionieren? Stellen Sie sich folgende Fragen:

- Ist der Zweck jedes Meetings klar? Wenn nicht, wie könnten Sie mithelfen, das zu klären?
- Sind alle Meetings vom gleichen Typ? Wie könnten Sie variieren, damit Typ und Zweck des Meetings Zweck besser übereinstimmen?
- Freuen Sie und Ihr Team sich auf die Meetings? Wenn nicht: Welche Schritte könnten Sie unternehmen, um die Erwartungen und die Art und Weise, wie Meetings erlebt werden, zu verbessern und angenehmer zu gestalten?
- Was sind die kulturellen und Verhaltensnormen an Ihrem Arbeitsplatz und in Ihren Meetings? Wie stark sind Vertrauen, Verletzlichkeit und Freude ausgeprägt? Wodurch werden sie verhindert?
- Wie könnten Sie Achtsamkeit in Ihre Meetings einbringen und anwenden, um einen oder alle dieser Aspekte zu verbessern?

Sich auf andere verlassen

Zentrale Übungen

- Konzentrieren Sie sich in Ihrer Führungsrolle darauf, anderen zuzuhören, sie zur Selbstständigkeit zu ermutigen und sie zu betreuen. Erforschen Sie die Möglichkeiten dazu.
- Nehmen Sie wahr, wie Sie sich dagegen wehren, sich auf andere zu verlassen. Bejahen Sie Interdependenz, gegenseitige Abhängigkeit.
- Meditieren Sie mit anderen und für andere, um zur Entwicklung einer regelmäßigen Meditationspraxis beizutragen.
- Machen Sie eine schnelle Prüfung: Wer verlässt sich auf Sie, ist von Ihnen abhängig? Und wie verlassen Sie sich auf andere, sind Sie von anderen abhängig?
- Reflektieren Sie Ihren Arbeitsstil – Visionär, Organisator, sozialer Typ, Macher – und die Arbeitsstile der anderen, wenn Sie eine Gruppe oder ein Team aufbauen.
- Streben Sie danach, die oben erwähnten positiven Gruppennormen zu kultivieren: psychologische Sicherheit, Struktur und Klarheit, Verlässlichkeit, Sinnhaftigkeit und Einfluss.
- Ändern Sie, wenn nötig, die Art und Weise, wie Meetings ablaufen, damit Achtsamkeit und eine Atmosphäre der Kooperation, Hilfsbereitschaft und gegenseitigen Unterstützung gefördert werden.

Teil III

INTEGRIEREN

PRINZIP 7

Immer weiter vereinfachen

Reisender, es gibt keinen Pfad.
Du machst deinen Pfad selbst – mit jedem Schritt, den du gehst.
ANTONIO MACHADO

Bei meinen Seminaren oder Vorträgen über die Anwendung der sieben Prinzipien nehme ich immer wieder wahr, wie ein Aufatmen durch den Raum geht, wenn ich das siebte Prinzip beschreibe: »Immer weiter vereinfachen«. Die Menschen verspüren eine gewisse Erleichterung, als hätte man ihnen eine Last abgenommen. Die Schultern werden locker, alle entspannen sich. Obwohl wir diese Übungen ersehnen und brauchen, die unsere Führungsqualitäten, unsere Achtsamkeit, unser Wachstum fördern, haben wir doch auch eine fundamentale, urtümliche Sehnsucht danach, loszulassen, alles loszulassen – alle Sorgen und Wertungen, ob wir gesund sind, ob es uns gut geht, ob wir besser werden, uns genug anstrengen, diese Kämpfe um tausend Kleinigkeiten, auch wegen dieser Übungen. Welch eine Erleichterung, endlich nicht mehr kämpfen zu müssen!

Stellen Sie sich vor, Sie könnten, und wenn es jeden Tag nur ein paar Minuten sind, alle To-do-Listen sausen lassen, alle guten Vorsätze und Projekte. Stellen Sie sich vor, Sie würden alle gut gemeinten Pläne loslassen, wie andere besser werden können. Das ist oft richtig schwer. Lassen Sie sich jeden Tag einfach einmal auf diesen Moment Ihres Lebens ein, so, wie es jetzt gerade ist.

In der Meditationspraxis schulen wir unseren Geist, bewusst zu sein; bei allen Empfindungen, Gefühlen und Gedanken zu sein, die aufkommen. Eine etwas radikal klingende Übung ist die, mit jedem Ausatem alles loszulassen und nicht anzunehmen oder zu erwarten, dass dem Ausatem ein Einatem folgt. Mit jedem Atemzug lassen Sie sogar die Erwartung los, dass Sie am Leben sein werden. Wenn dann der nächste Einatem kommt, sind Sie überrascht: *Oh, da bin ich wieder!*

Annehmen, akzeptieren – die Tatsache nämlich, dass alles unbeständig ist und der ständige Wandel das einzig Sichere – ist ein wirksames Instrument, um diese Art von Einfachheit zu kultivieren. Vieles, was wir machen, ist Luxus und macht die Dinge nur komplizierter. Der Schlüssel ist, Tun und Nichttun, Mühe und Mühelosigkeit zu verbinden, zu integrieren. Das ist kein magischer Trick oder irgendeine uralte, mysteriöse spirituelle Übung. Wenn Sie sprechen oder schreiben, dann sprechen und schreiben Sie, ohne irgendetwas Zusätzliches draufzupacken. Diese Haltung, einfach nur das zu tun, was man gerade tut (ohne zu vergleichen oder zu beurteilen oder zur nächsten Aktivität kommen zu wollen), kann immer kultiviert werden: wenn Sie eine Gruppe leiten, wenn Sie zuhören, Auto fahren, allein arbeiten oder gemeinsam mit anderen, in Beziehungen, bei alltäglichen Aktivitäten.

Die Zielrichtung der siebten Meditationspraxis ist, in jedem Moment zu sehen oder zu erkennen, was das Wichtigste ist, sogar mitten im hektischen Tagesablauf. Wir können Herausforderungen und Problemen (oder Trauer und Tod) nicht ausweichen, aber wenn wir verwirrt und hilflos sind, können wir uns in Erinnerung rufen: Immer weiter vereinfachen, immer noch einfacher machen. Machen Sie jeden Moment und jeden Tag das Leben ein bisschen weniger kompliziert, sodass Sie fokussierter sein können, Luft zum Atmen haben, präsent sein können. Wir geben dem, was als Allerwichtigstes getan werden muss, Priorität.

Das vierundachtzigste Problem

Es war einmal, zu Zeiten des historischen Buddha, ein Bauer, der hatte viele Probleme. Er hatte von Buddhas großer Weisheit gehört und beschloss, den Buddha direkt um Rat zu fragen.

Seine Liste von Sorgen und Mühen war lang. Das Wetter war entweder zu trocken oder zu nass und die Ernten immer zu karg. Obwohl er seine Frau liebte, war sie manchmal kritisch und schroff. Von seinen Kindern war er enttäuscht: Als sie größer geworden waren, waren sie nicht mehr so begeistert von ihm. Seine Nachbarn mischten sich in sein Leben ein und verbreiteten böse Gerüchte über ihn.

Der Buddha schaute ihn an und sagte, er könne ihm bei seinen Problemen leider nicht helfen. Er sagte: »Alle menschlichen Wesen haben dreiundachtzig Probleme. So ist einfach das Leben. Wenn du ein Problem gelöst hast, tritt das nächste an seine Stelle. Meine Lehre kann dir bei diesen Problemen nicht helfen, aber vielleicht beim vierundachtzigsten Problem.«

Der Bauer fragte: »Was ist das vierundachtzigste Problem?«

Der Buddha sagte: »Das vierundachtzigste Problem ist, dass du kein Problem haben willst.«

Das ist ein zentraler Aspekt des Prinzips »Immer weiter vereinfachen«: Man schult Körper und Geist, allen Widerstand gegen das, was ist, und alles Verlangen nach etwas, was nicht ist, aufzugeben. Der Buddha sagt dem Bauern nicht, er habe keine Probleme. Jeder hat Probleme. Mehr noch: Laut Buddha hat jeder genau dreiundachtzig Probleme, nicht weniger und nicht mehr. Probleme gehören zum Menschsein, sind Teil unseres gemeinsamen Menschseins. Buddha weist stattdessen darauf hin, dass der Bauer mit seiner Misere nicht alleine ist und etwas möchte, das einfach nicht zu haben ist. Das ist das vierundachtzigste Problem, das einzige, bei dem der Buddha helfen kann.

Der Buddha lehrt: Sobald man aufhört, Probleme weghaben zu wollen, verwandeln sich die Probleme, man selbst verwandelt sich und die Probleme sind etwas anderes, als man meinte. Sie sind nichts vom Leben Getrenntes. Ihre »Probleme« sind der Reichtum und das Wesen des Menschseins! Sie können zugeben, dass Sie die Dinge anders haben wollen, und können sich Ihren Problemen direkt stellen, ohne Wertung und ohne Widerstand. Wenn Sie es so machen, sind Sie besser in der Lage, aufkommende Probleme anzunehmen und zu transformieren. Wir alle wollen bei der Arbeit effektiver sein, wollen die Kommunikation mit Partner oder Partnerin und unseren Kindern verbessern und wollen bessere Beziehungen aufbauen. Aber diese Arbeit ist endlos, ist nie vorbei. Erfolg heißt nie, dass es weniger Probleme gibt. Mit der siebten Praxis vereinfachen wir unser Leben: durch unsere eigene Haltung und Herangehensweise, ohne irgendetwas Zusätzliches zu erwarten.

VERSUCHEN SIE FOLGENDES: Probieren und üben Sie, Dinge offener zu akzeptieren. Das bedeutet nicht, dass Sie Schmerz, Probleme und Schwierigkeiten ignorieren. Es bedeutet: Im jetzigen Moment akzeptieren Sie sie komplett, ohne sie ändern oder anders haben zu wollen. Wie? Rufen Sie sich eine konkrete schwierige Situation ins Gedächtnis, die sich momentan in Ihrem Leben abspielt. Experimentieren Sie dann mit den folgenden drei Schritten:

- **WENDEN SIE SICH DER SCHWIERIGEN SITUATION ZU** – schauen Sie ihr direkt und frontal ins Gesicht.
- **AKZEPTIEREN SIE** – lassen Sie den Schmerz zu, diese schwierige Situation zu sehen und zu fühlen; das erfordert Mut, und Achtsamkeitspraxis hilft dabei.
- **LASSEN SIE ALLE VORWÜRFE LOS** – gegen sich und gegen andere.

Entspannt, aber hellwach

Wenn ich Meditation lehre, lautet meine erste Anweisung an die Teilnehmenden im Allgemeinen so: »Setzen Sie sich auf Ihrem Stuhl so hin, dass Sie sowohl entspannt als auch hellwach sein können.« Dann füge ich hinzu: »Diese Übung, diese Art und Weise, da zu sein, ist keine Vorbereitung auf die Meditation. Sie ist schon der Kern der Übung – wir trainieren Körper und Geist, gleichzeitig entspannt und hellwach zu sein.«

Das ist es, was Sportler zu erreichen versuchen, ob sie nun einen Baseball werfen, bei einem großen Golfturnier abschlagen oder bei einem wichtigen Tennismatch Aufschlag haben. Wenn es drauf ankommt, so entspannt und so hellwach zu sein, wie es nur geht. Darum geht es mir, wenn ich ein Meeting leite oder einen Eröffnungsvortrag halte. Ich möchte mich rundum wohlfühlen, offen sein, entspannt, und ich will vollkommen bewusst sein, wach, voll und ganz bereit für jede Situation. Bin ich zu entspannt, werde ich geistesabwesend oder schläfrig; bin ich zu wach, riskiere ich Überreaktionen, Verkrampfung oder bin nicht voll präsent.

VERSUCHEN SIE FOLGENDES: Erkunden Sie jetzt in diesem Moment, wie es ist, gleichzeitig entspannt und hellwach zu sein. Um zu entspannen, richten Sie Ihre Aufmerksamkeit auf den Atem. Um hellwach zu sein, richten Sie die Aufmerksamkeit auf den Körper. Öffnen Sie die Schultern und gehen Sie leicht ins Hohlkreuz. Machen Sie das im Laufe des Tages jedes Mal, wenn es Ihnen einfällt.

Meditation: Jede zusätzliche Anstrengung aufgeben

Wenn ich Meditationen leite, schlage ich – nachdem ich die Teilnehmenden angeleitet habe, diesen entspannten und hellwachen Zustand zu finden – als Nächstes vor, alles sausen zu lassen: dieses »es machen zu wollen«, alle überflüssige Anstrengung. Stattdessen: Einfach wahrnehmen, was kommt. Das ist ein wichtiger Teil aller sieben Prinzipien: Die überflüssige Zusatzanstrengung wahrnehmen und loslassen, den Widerstand gegen Probleme, den Widerstand gegen Veränderungen, den Versuch, sich zu ändern; und stattdessen das Leben zu bejahen, wie es ist.

Stellen Sie sich vor: Wie wäre Ihr Leben, wenn Sie ein anderes Verhältnis zu Ihren Problemen hätten, wenn Sie Ihre Probleme komplett akzeptieren und mit ihnen Frieden schließen würden? Die folgende Meditationsübung versucht das vierundachtzigste Problem zu verstehen und zu bearbeiten: das Problem, keine Probleme haben zu wollen.

Zu Beginn nehmen Sie Ihren Atem wahr. Lenken Sie einfach Ihre Aufmerksamkeit auf den Atem und wie Sie mal einatmen, mal ausatmen. Während Sie ausatmen, nehmen Sie wahr, dass Sie ausatmen, und schauen Sie, ob Sie alle Probleme, alles loslassen können.

Einfach die Aufmerksamkeit auf den Atem richten. Einatmen und Ausatmen.

Dann, für die Dauer eines ganzen Ausatems, lassen Sie los:

- Ihre To-do-Listen, Ihre liegen gebliebenen Projekte, alles, was fehlt oder verbessert oder in Ordnung gebracht werden muss.
- Alle guten Vorsätze für sich selbst und (für manche noch schwieriger) alle Pläne, wie anderen zu helfen wäre.
- Jedes überflüssige oder zusätzliche Tun und Denken.

Stellen Sie sich vor: Wie würden Sie sich fühlen, wenn Sie Ihre Probleme bejahen und den Widerstand gegen sie aufgeben würden?

Dann, beim Einatmen, lassen Sie alle Probleme, Listen und Themen wieder hochkommen. Und mit dem nächsten Ausatem lassen Sie sie wieder gehen.

Machen Sie das so lange, wie es sich gut anfühlt. Bringen Sie dann die Aufmerksamkeit wieder zurück in Ihre Umgebung und gehen behutsam wieder in Ihren Tagesablauf zurück.

Nicht »fleißig« sein, sondern fokussiert, engagiert und mit Luft zum Atmen

»Sind Sie auch so fleißig wie wir?« Das war die Frage, die mir eine Abteilungsleiterin einer großen Technikfirma zu Beginn einer Skype-Konferenz einmal stellte. Ich wollte mit ihr über das SIY-Leadership-Institut sprechen, und ich hätte locker »Ja« sagen können. Stattdessen sagte ich: »Fleißig sein ist nicht so unser Ding. Wir wollen so arbeiten, dass wir fokussiert und engagiert sind, aber noch Luft zum Atmen haben.«

Das sollte spielerisch rüberkommen und wir lachten beide. Natürlich hatte ich viel zu tun und war »fleißig«, aber ich habe eine starke Abneigung gegen bloße Geschäftigkeit, und wir beide führten dann ein eingehendes Gespräch über unsere Vorstellungen, wie wir eigentlich arbeiten wollen. Es ist sehr leicht, sich im herrschenden kulturellen Leitbild von Fleiß und Geschäftigkeit zu verlieren. Es ist eine Sache, wenn man viel zu tun hat; das ist ein allgemeines Problem, das jeder kennt. Für mich bedeutet aber dieses »Geschäftigsein«, dass man sich in der Komplexität verirrt und aus den Augen verliert, was das Wichtigste ist. Geschäftigkeit läuft auf sinnlose Hektik hinaus. Das Gegenmittel zu bloßer Geschäftigkeit ist für mich: dass ich mich erinnere, achtsam zu sein, und dass ich übe, fokussiert und engagiert zu sein – aber mit Luft zum Atmen.

Was bedeutet das?

FOKUSSIERT: Schauen Sie, worauf es ankommt, was die Sachlage ist, auf die kreative Spannung, auf die allerwichtigste Sache, und konzentrieren Sie sich darauf. Kommen Sie immer wieder auf die simple und doch schwierige Frage zurück: *Was ist jetzt meine Priorität? Was ist jetzt das Dringendste, bei diesem Telefonat, am heutigen Tag, in dieser Woche?*

ENGAGIERT: Das bezieht sich auf Ihr Level an Energie und Aufmerksamkeit. Was auch immer die Aufgabe ist, lassen Sie sich voll darauf ein, bis es Zeit ist, zu einer neuen Aufgabe überzugehen. Im Allgemeinen habe ich festgestellt, dass ich in etwa 45- bis 90-minütigen Etappen voll engagiert bei einer Aufgabe bleiben kann; dann ist es gut, eine kurze Pause von fünf bis zehn Minuten zu machen. Wenn Sie arbeiten, engagieren Sie sich mit Ihrer ganzen Energie, dann lösen Sie sich vollständig davon und entspannen.

LUFT ZUM ATMEN: Dabei geht es darum, dass Sie Ihre Aufmerksamkeit nicht auf sich selbst und Ihre Pläne richten, sondern buchstäblich den offenen Raum wahrnehmen, der um Sie herum ist, wo immer Sie sich aufhalten. Registrieren Sie auch, wenn Stress aufkommt – lassen Sie sich davon aber nicht stressen! Rechnen Sie damit, dass gelegentlich Stress, Nervosität, Angst aufkommen, und wenn sie auftauchen, lassen Sie sie gehen. Diverse Studien haben gezeigt, dass Stress und Geschäftigkeit nicht das eigentliche Problem sind; das Problem ist unser Verhältnis zum Stress. In einer Studie zeigte sich: Menschen, die glauben, dass Stress unvermeidlich und positiv ist, fühlten sich insgesamt wohler als die, die Stress für etwas Negatives und zu Vermeidendes hielten. Außerdem lebten die, die eine positive Einstellung zu Stress hatten, länger als die, die in ihrem Leben relativ wenig Stress erlebt hatten.

VERSUCHEN SIE FOLGENDES: Nehmen Sie genau jetzt, in diesem Moment wahr, wo Sie verkrampft und angespannt sind. Schenken Sie diesen Stellen Aufmerksamkeit, lassen Sie sie weich und locker werden. Nehmen Sie wahr, wie viel Raum jetzt da ist. Das entgeht uns oft: wie viel Raum mitten in unserem geschäftigen Alltag da ist. Wir neigen dazu, nur auf die Menschen und die Dinge zu schauen, und übersehen, wie viel Raum dazwischen ist. Erkunden Sie das, nehmen Sie wahr, wie viel physischer Raum da ist. Schauen Sie hoch, jetzt, in diesem Moment, schauen Sie nach rechts und links. Jede Menge Raum, in jede Richtung! Und dann gehen Sie zurück zu der Frage, was genau jetzt für Sie das Wichtigste ist.

»Vereinfachen« bedeutet nicht, dass man Stress aus dem Weg geht oder weniger erledigt. Es gibt eine Menge Anhaltspunkte, dass wir gesünder leben und mehr schaffen können – und zwar Dinge, die wirklich entscheidend sind –, wenn wir fokussiert und engagiert sind, mit Luft zum Atmen.

Routineabläufe machen Entscheidungen einfacher

Kinder lieben Routineabläufe, Erwachsene auch. Routineabläufe entlasten unseren Geist von Komplexitäten und Entscheidungen, vor allem gesunde Routineabläufe, die im Einklang mit dem stehen, was am wichtigsten ist.

Ich liebe meine Morgenroutine, sie ist meine Stütze, aber auch andere Routineabläufe im Laufe des Tages. Ich stehe jeden Tag um halb sechs auf. Katzenwäsche, ein bisschen Yoga, dann zwanzig Minuten Achtsamkeitsmeditation. Von halb sieben bis sieben lese ich, zuerst ein Buch, dann die *New York Times*. Um sieben frühstücke ich. Nach dem Mittagessen mache ich ein Nickerchen, Fünfzehn bis zwanzig Minuten, oft im Auto, aber wenn das nicht geht, dann suche ich mir ein stilles Plätzchen. Am späten Nachmittag mache ich einen Spaziergang, eine halbe bis eine Stunde lang, wenn möglich, in den Bergen an der Pazifikküste nördlich von San Francisco. Zur Not mache ich einen Gang durch die Straßen meiner Mill-Valley-Wohngegend. Um halb elf bin ich im Bett, wo ich bis ungefähr elf noch lese.

Wenn andere mir sagen, es falle ihnen schwer, eine regelmäßige Meditationspraxis aufzubauen, dann schlage ich ihnen meistens vor, es wie beim Zähneputzen zu machen. Wir entscheiden ja auch nicht jeden Morgen, ob wir die Zähne putzen wollen. Ich muss nicht jeden Morgen entscheiden, ob ich meditieren soll. Simpel.

Denken Sie jetzt darüber nach: Wie sehen Ihre Routineabläufe aus? Welche gesunden Routinen könnten Sie in Ihrem Leben einrichten?

Die ganz große Pause: Das Retreat

Ein wichtiges Element, wenn es darum geht, das Leben einfacher zu machen, sind regelmäßige Retreats mit stiller Achtsamkeitsmeditation. Was könnte simpler sein, als tagelang einfach still zu sein und dazusitzen, ohne etwas tun oder erreichen zu müssen? Das ist *die* zentrale Übung der Einfachheit.

Wenn Sie noch nie ein fünf- bis siebentägiges Retreat mit Achtsamkeitsmeditation gemacht haben, kann ich Ihnen das nur empfehlen. Mir ist klar, dass es schwierig sein kann, sich so viel Zeit freizuschaufeln; vielleicht ist es nicht jedem möglich. Wenn Sie schon mal ein längeres Retreat gemacht haben, schauen Sie, ob Sie jedes Jahr eines machen können.

Mein idealer Retreat-Plan ist es, jeden Monat ein halb- oder ganztägiges Retreat zu machen und ein fünf- bis siebentägiges einmal im Jahr. Es gibt noch viele andere Formen des Retreats außer dem Retreat mit Achtsamkeitsmeditation. Probieren Sie einmal ein Yoga-Retreat oder Wandern oder Campen in der Wildnis, alleine oder in der Gruppe. Der entscheidende Punkt dabei ist, einmal aus der Intensität und Hektik des Alltags rauszukommen und Zeit zu haben, um einfacher zu werden. Und dann, wenn man ins Gewohnte zurückkommt, diese Einfachheit in die Erfordernisse des Alltags zu integrieren.

Es gibt nur *eine* Priorität

Vor ein paar Jahren nahm ich an einem einwöchigen Seminar teil, das »Die Kunst, Menschen zu führen« hieß und von Robert Gass geleitet wurde. Robert stand vor einer Gruppe von zwanzig Topmanagern sozial sehr engagierter Firmen, neben ihm eine Flipchart mit einem unbeschriebenen Blatt. Er fragte die Gruppe: »Welche Sache im Leben lässt uns keine Wahl? Was ist es, was wir *müssen*?« Zuerst erschraken wir alle ein bisschen und fragten uns, was diese Übung solle. Jemand sagte »essen« und Robert schrieb es hin. »Arbeiten« sagte jemand anderes. Robert antwortete, zu arbeiten sei eine Entscheidung. Man könnte auch *nicht* arbeiten und wenn man in Kanada lebe (wo das Seminar stattfand) oder in den USA (und in einem Großteil der übrigen Welt), dann werde irgendwie für einen gesorgt. Deshalb habe man die Wahl, zu arbeiten oder nicht. Der springende Punkt bei der Übung war, zu erkennen und klar zu sehen, dass fast alles, was wir machen, unsere Entscheidung ist. Und wenn wir verstanden haben, dass wir mehr Entscheidungsfreiheit haben, als wir normalerweise denken, dann lautet die nächste Aufgabe: Prioritäten setzen.

In seinem Buch *Essentialismus* weist Greg McKeown darauf hin, dass das Wort »Priorität« im Englischen im 15. Jahrhundert in Gebrauch kam.* Es bedeutet »die erste« oder »frühere« Sache. Es war ein Singular. Fünfhundert Jahre später, im 20. Jahrhundert, stand das Wort plötzlich im Plural: Aus »Priorität« wurde »Prioritäten«. McKeown schreibt dazu: »Wider alle Logik dachten wir, wenn wir das Wort ändern, ändern wir die Realität. Und dann können wir das ›erste Ding‹ gleich mehrfach haben.«

In der Tat müssen wir wählen, welche eine Sache in jedem Moment Vorrang hat, und wir haben die Wahl. Das klingt vielleicht banal, aber lassen Sie es mal einen Moment sacken. Man vergisst es nämlich leicht. Überraschenderweise – und mit ordentlicher Tragweite – wählen Sie nämlich in jedem Moment, entscheiden Sie, was angemessen ist, entscheiden, wie Sie Ihre Zeit verwenden sollen, Ihre Energie, Ihre Aufmerksamkeit. Wenn Sie keine Priorität setzen, tut es jemand anders.

Meine erste Stelle, nachdem ich meinen MBA in der Tasche hatte, war bei einer kleinen Vertriebsfirma für Recyclingpapier, bei der »Conservatree Paper Company« in San Francisco. Ich hatte zwei kleine Kinder zu Hause, und es fiel mir schwer, den ganzen Tag weg zu sein. Dazu kam, dass zu den Normen und ungeschriebenen Gesetzen bei Conservatree die Erwartung gehörte, man solle bis spätabends arbeiten. Während meiner

* Greg McKeown, *Essentialismus. Die konsequente Suche nach Weniger*. Narayana-Verlag: Kandern 2018.

ersten Wochen traf ich eine Entscheidung: Ich sagte meinem Chef, dass ich abends um 17 Uhr gehen wolle, damit ich mit der Familie zu Abend essen konnte. Es war mir unangenehm, darum zu bitten, denn ich sagte ja meinem Arbeitgeber, dass es in meinem Leben Wichtigeres gab als die Firma. Ich stellte aber fest: Es wurde respektiert, dass ich meine Priorität klargemacht hatte, und es war selten ein Problem, um 17 Uhr zu gehen.

Sie haben nur *eine* Karriere!

Seit ich in der Welt der großen Konzerne arbeite, werde ich oft in Karriereangelegenheiten um Rat gefragt. Ich staune, wie viele Menschen sich bei ihrer Arbeit in Übergangsphasen befinden. Fast alle unterliegen dem rapiden technischen Wandel und den Umwälzungen, die die Geschäftswelt und die gesamte Wirtschaft betreffen: mit weniger Ressourcen mehr leisten zu müssen; die Erwartung, rund um die Uhr erreichbar zu sein; das verschärfte Tempo und die gestiegene Komplexität der Arbeit; und wie weitverbreitet es inzwischen ist, im virtuellen globalen Raum zu arbeiten. Jeder dieser Faktoren steigert die Komplexität des Arbeitslebens. Zusammen bilden sie eine riesige Herausforderung. Und dazu kommt noch die ganze Katastrophe des Privatlebens und dass es nie einfach ist, Ruhe, Sinnerfüllung und Verbundenheit mit anderen zu finden, ein Leben in Wohlbefinden und Gesundheit zu führen.

Ich schlage vor, dass Sie einmal ausprobieren, über die wahre Natur Ihrer Karriere ganz anders zu denken. Ich glaube, dass wir alle nur *eine* Karriere haben. Und zwar die Karriere, die Arbeit, Beziehungen und alle Bereiche des Lebens umfasst und integriert. Es ist die Karriere, die achtsames Leben heißt.

Das doppelte Ziel dieser Karriere ist, die eigene Bewusstheit zu entwickeln und anderen zu helfen. Alle anderen Aktivitäten sollten diesen beiden Zielen dienen. Dies ist ein enorm effektiver und wirksamer Weg, um von der Komplexität in die Einfachheit zu gelangen. Vielleicht nicht einfach, aber simpel. Wie würde Ihr Leben aussehen, wenn Sie alle Aktivitäten aus der Perspektive dieser einen, einzigen Karriere betrachten? Vielleicht stellen Sie fest, dass Geschäftigkeit und Komplexität drastisch abnehmen. Die Komplexität verschwindet natürlich nicht ganz – Sie sind komplex, das Leben ist komplex, Ihre Arbeit ist bestimmt komplex. Aktivität verschwindet nicht ganz – Sie werden immer noch mit vielen Bedürfnissen, Wünschen und manchmal gegensätzlichen Prioritäten jonglieren müssen. Und doch ist es simpel, Bewusstheit zu entwickeln und anderen zu helfen.

Bewusstheit zu entwickeln, ist die Essenz der Achtsamkeitspraxis. Es bedeutet, inmitten von Bewegung und Veränderung innezuhalten. Beim Atem zu bleiben, Ihren Körper, Ihre Gefühle, Ihre Intuition und Ihr Herz bewusst wahrzunehmen. Sich manchmal zu fokussieren, manchmal weit zu werden, umherzuschweifen, neugierig zu sein. Sich immer zu fragen: *Was ist jetzt, in diesem Moment, das Wichtigste?*

Anderen zu helfen, das ist Führung! Es bedeutet wahrzunehmen, was in einer Gruppe, einer Familie, einer Firma oder sozialen Gemeinschaft gebraucht wird. Es bedeutet wahrzunehmen, wann andere Unterstützung oder Aufmerksamkeit brauchen, und zu versuchen, diese zu geben. Es bedeutet, Empathie zu kultivieren, zuzuhören, für das Erleben anderer Menschen offen zu sein und nach Wegen und Gelegenheiten zu suchen, anderen zu dienen. Jemand, der führt, fragt immer: *Was kann ich tun?*

Drei Atemzüge machen alles einfacher

Versuchen Sie einmal diese Drei-Atemzüge-Übung, wenn Sie vereinfachen und zum Wesentlichen kommen müssen.

- Beim ersten Atemzug nehmen Sie den Körper wahr. Machen Sie sich einfach bewusst, wie sich Schultern, Rücken und Magen anfühlen.
- Beim zweiten Atemzug nehmen Sie Ihre Gefühle wahr. Machen Sie sich einfach bewusst, was Sie jetzt gerade fühlen.

- Beim dritten Atemzug fragen Sie sich: *Was ist genau in diesem Moment das Wichtigste?*
- Drei Atemzüge. Ein Körper. Ein Herz. Ein Geist. Einfach.

Vereinfachen Sie immer weiter.

Immer weiter vereinfachen

Zentrale Übungen

- Probieren Sie aus, jeden Tag ein paar Minuten lang alles sausen zu lassen – To-do-Listen, Pläne, Projekte.
- Üben Sie offenes Akzeptieren. Experimentieren Sie damit, sich Schwierigkeiten zuzuwenden, sie zu akzeptieren und jeden Vorwurf loszulassen.
- Üben Sie bei jeder Tätigkeit, hellwach *und* entspannt zu sein.
- Meditieren Sie – als Übung, jede überflüssige Anstrengung aufzugeben.
- Als Gegenmittel zu bloßer Geschäftigkeit: Probieren Sie, fokussiert und engagiert zu sein, mit viel Raum und Luft zum Atmen.
- Nehmen Sie Ihre Routinen wahr und finden Sie neue, die Achtsamkeit fördern.
- Gehen Sie regelmäßig ins Retreat.
- Reflektieren Sie darüber, dass Sie nur *eine* Karriere haben: Bewusstheit zu kultivieren und anderen zu helfen.
- In jedem passenden Moment vereinfachen Sie die Dinge, indem Sie die Übung der drei Atemzüge machen: Richten Sie Ihren Fokus auf den Körper, auf den Atem und auf das, was das Wichtigste ist.

Epilog

Ich denke immer, was wir brauchen, ist eine neue Sprache ...
eine Sprache des Herzens ... eine neue Art von Dichtung, die uns sagt,
wo der Honig ist ... Und ich glaube, um diese Sprache zu erschaffen,
werden wir lernen müssen, wie man durch den Spiegel hindurchgeht
in eine andere Art der Wahrnehmung, in der man dieses Gefühl hat,
mit allen Dingen vereint zu sein ... Und plötzlich versteht man alles.

ANDRÉ GREGORY,
»Mein Essen mit André«

Der Dichter und Schriftsteller David Whyte beschreibt einmal, wie er eine öffentliche Lyriklesung hielt und von einem Geschäftsmann angesprochen wurde, der ihn fragte, ob er nicht in seine Firma kommen und dort Lyrik lesen wolle. Bis zu diesem Zeitpunkt hatte David sich als ziemlich konventionellen Dichter und Schriftsteller betrachtet. Er fragte: »Warum sollte ich?« Der Mann antwortete: »Meine Firma braucht das, was Ihre Worte und Ihre Botschaften liefern. Sie erheben unseren menschlichen Geist, heben uns aus dem Gewöhnlichen und Profanen in etwas Größeres und Höheres.« Dieser Mann war ein hochrangiger Manager bei Boeing.

Meine Erfahrung als Lehrer für Achtsamkeit bei Google und bei Firmen und Einzelpersonen auf der ganzen Welt ist folgende: Es gibt ein enormes Bedürfnis und einen Hunger nach Erkenntnis und größerer Menschlichkeit, Offenheit und Inspiration, nicht nur bei der Arbeit, sondern in allen Bereichen unseres Lebens. Achtsamkeitspraxis hat ein riesiges Potenzial. Sie befähigt uns, klarer zu sehen und uns auf das Wunder des Bewusstseins einzulassen, das Wunder des Lebendigseins.

Achtsamkeitspraxis kann die Grundlagen unseres Bewusstseins, unserer Präsenz, unseres Seins verändern – nicht, indem sie etwas hinzufügt (ein neues Glaubenssystem oder die Suche nach Inspiration), sondern indem sie ein genaueres Bild liefert von dem, was ist: von der Natur des Menschen und wie wir unsere Version von uns selbst und der Welt konstruieren und banalisieren.

Achtsamkeitspraxis zielt darauf ab, das Wesen von Angst, Unzufriedenheit und Entfremdung zu verstehen und zu verändern. Achtsamkeitspraxis lässt uns ahnen, dass das, was wir für »gewöhnlich« halten, außergewöhnlich ist, dass das alltägliche Leben gleichzeitig ein Wunder ist.

Warum ist es so schwierig, achtsam zu führen und ein menschliches Wesen zu sein? Warum braucht es so viel Aufmerksamkeit und Anstrengung, präsent zu sein, wach zu werden für das Leben, wieder und wieder zu entdecken, dass wir nicht ewig leben, und achtzugeben auf das, was wir im Herzen tragen, was direkt vor unserer Nase liegt, was glasklar und offensichtlich das Wichtigste ist?

Wenn ich darüber nachdenke, muss ich unwillkürlich an meine Freunde denken, die drei Affen, die in diesem Buch so eine gewichtige metaphorische Rolle gespielt haben. Sie repräsentieren die Evolution des menschlichen Körpers, Geistes und Herzens und unsere primären Bedürfnisse nach Sicherheit, Zufriedenheit und Verbundenheit. Die menschliche Evolution war nicht darauf angelegt, die Dinge klar zu sehen, sondern zu überleben, Genmaterial weiterzugeben. Eine achtsame Führungsperson zu sein, erfordert Anstrengung, denn dazu gehört, alte Realitätskonstrukte loszulassen, Normen, die uns, unseren Organisationen, unseren

Familien nicht mehr weiterhelfen. In Klarheit und Tiefe zu leben, ein achtsames, integriertes, warmherziges Leben zu leben: dazu braucht es praktische Übung.

Das Bestreben, eine achtsame Führungsperson zu sein, und die konkrete Umsetzung der sieben Prinzipien helfen, die Wachsamkeit und Angst des nervösen Affen zu beruhigen (seine Neigung, alles nach potenziellen Gefahren abzusuchen); es befriedigt den fantasiebegabten Affen, der immer nach etwas Neuerem und Besserem sucht; und es bestätigt dem empathischen Affen, dass wir immer eingebunden sind, viel mehr, als wir begreifen können. In einer Welt, die sich oft chaotisch anfühlt, ruft die praktische Schulung der Achtsamkeit unsere fundamentale geistige Gesundheit wach. In einer Welt, die oft kalt und zynisch wirkt, klopft die Achtsamkeitspraxis an die Tür von Offenheit und Vertrauen, die uns angeboren sind.

Und beim Nachdenken, warum es so schwierig ist, achtsam zu führen und ein menschliches Wesen zu sein, komme ich auch auf das Thema »Frust und Potenzial« zurück. Der Frust, der Schmerz ist das Leiden unter der Veränderung; dass man nicht bekommt, was man möchte, sondern bekommt, was man nicht möchte. Statt nach Befriedigung der eigenen Wünsche zu streben (obwohl es diese Befriedigung natürlich geben kann), öffnen wir uns den potenziellen Möglichkeiten: Und das verändert per se unser Verhältnis zum eigenen Wünschen und Verlangen. Unsere Freiheit liegt in einem bedingungslosen Akzeptieren dessen, was ist, und in der Kraft der Bewusstheit. Zu sehen, dass innere Freiheit möglich ist: das ist ein zentraler, fundamentaler Aspekt der Achtsamkeit und des achtsamen Führens.

»Jeder will den endlosen Veränderungen entfliehen.« Das ist ein Vers aus einem Gedicht von Dongshan, im 6. Jahrhundert, Begründer der Soto-Zen-Schule in China. Die Zeit und der Wandel liegen jenseits unseres gewöhnlichen rationalen Begreifens. In Ihrem Widerstand gegen den dauernden Wandel sind Sie nicht allein. Es braucht Mut, bei den Fragen zu bleiben; bei dem zu bleiben, was ist. Nehmen Sie wahr, was passiert, wenn Sie sich voll und ganz, nicht so widerwillig, auf das Leben einlassen, Ihr Erleben. Und wenn Widerwillen aufkommt – toll! Nehmen Sie Ihren Widerstand wahr! Er ist ein sagenhafter Lehrer.

Weiter unten in seinem Gedicht sagt Dongshan: »Wenn wir aufhören, am Leben herumzudrehen und herumzuzerren, kommen wir endlich zurück und sitzen am Feuer.« Wie wäre es, wenn wir innehalten würden? Aufhören würden, ständig am Leben herumzudrehen und herumzuzerren, und nichts zurückhalten würden? Um dann, entspannt und hellwach, in der Wärme unseres innersten Wissens zu sitzen, die Hitze des Feuers in uns und um uns zu spüren, eines Feuers, das immer brennt.

Dank

»Sich auf andere verlassen« ist das sechste Prinzip. Ich habe mich bei jedem Teil dieses Buches auf andere verlassen – während meiner Zeit in der Tassajara-Küche, als Trainer bei Google, als Geschäftsführer des SIY-Leadership-Instituts; und natürlich im ganzen Spektrum meiner Arbeit und meines Lebens. All das ist in dieses Buch eingeflossen.

Ich fange mal mit den Jahren in der Tassajara-Küche an. Während meines ersten Sommers als Spüler unterstützte mich Chefkoch Steve Weintraub. Während meines ersten Winters war Dana Dantine Chefkoch, berief mich in das Küchenteam und ernannte mich danach, im Sommer, zum Bäcker. Ein paar Jahre später war ich Assistent der Chefköchin, während Teah Strozer die Küche leitete, und im Jahr darauf, als ich Chefkoch war, war Gil Fronsdale mein Assistent. Bei der Arbeit in der Küche lernte ich eine Menge von Meg Alexander, Chris Fortin, Richard Jaffe, Michael Gelfond, Karin Gjording, Annie Sommerville und vielen anderen – indem wir zusammen kochten, backten und praktizierten.

Mike Dixon, ich danke dir, dass du mich zu Google geholt hast. Du kannst dir nicht vorstellen, welche Türen du für mich geöffnet hast. Dank an Chade-Meng Tan für die Einladung in das allererste Search-Inside-Yourself-Team. Punit Aggarwal, Dolores Bernardo, Hemant Bhanoo, Sudhakar Chandra, Bill Duane, Mario Galarreta, Jenny Lykken, Karen

May, Liz Olson, Van Riper, Paul Santagata, Ruchika Sikri und viele andere unterstützten mich bei Google. Philippe Goldin war ein unschätzbarer Mentor.

Dank an meine Kolleginnen und Kollegen vom SIY-Leadership-Institut, vor allem Kimiko Bokura, Peter Bonanno, Peter Bostelmann, Laurie Cameron, Mark Coleman, Linda Curtis, Rick Echler, Ilana Robbins Gross, Judith Harris, Caro Hart, Lindsey Kugel, Meg Levie, Nina Levit, Michelle Maldonado, Simon Moyes, Alex Moyle, Tyler Peterson, Brandon Rennels, Jason Sbordone, Lori Schwanbeck, Stephanie Stern, Peter Wenig und Regina Zasadzinski. Und an die ganze Mannschaft von Search Inside Yourself.

Ganz viel Wertschätzung an Norman Fischer, den guten Freund und hoch geschätzten Dharma-Lehrer – für deine Kreativität und Weisheit und dafür, dass du geholfen hast, die sieben Prinzipien ans Licht zu bringen. An Michael Wenger, meinen anderen »Wurzel-Lehrer«, und an meinen Freund und Lehrer Paul Haller.

Dank an den Freundeskreis beim Social Venture Network für kontinuierliche Unterstützung bei den Führungsaufgaben: Judi Cohen, Jay Harris, Elliot Hoffman, Aaron Lamstein, David Leventhal, Jared Levy und Jill Portman.

Dank an die alten Zen-Kumpels, dass sie meine Praxis lebendig gehalten haben: Marc Alexander, Bruce Fortin, Michael Gelfond, Rick Levine, Ken Sawyer, Peter van der Sterre und Steve Weintraub.

Dank an das »Führungsteam« von Mill Valley Zen: Judith James, Karen Lang, Loretta Lowrey, David Maxwell und Dharna Obermaier, dass ihr den Laden zusammengehalten habt.

Ich bin sehr dankbar für die kontinuierlichen Gespräche über das Leben und was Führung heißt: mit Mitch Anthony, Deborah Berman, Martin Berman, Debra Dunn, Daniel Ellenberg, Bruce Feldman, Lori Hanau, Rick Hanson, Roger Housden, Craig Litman, Jackie McGrath, Richard Miller, Deborah Nelson, Dan Siegel Lucinda Rhys, Peter Strugatz und David Yeung.

Dank an Jason Gardner von New World Library, dass er an mich und an dieses Buchprojekt in dessen vielen Übergangs- und Transformationsphasen geglaubt hat. Und ganz viel Wertschätzung an Monique Muhlenkamp, Munro Magruder und das Team der New World Library für ihre phänomenale Unterstützung.

Dank an Jennifer Futernick für die Mitarbeit an den ersten Entwürfen für dieses Buch.

Ich möchte das handwerkliche Feedback zu meinem Schreiben würdigen, das ich von Krista de Castella, Robyn Morris, Roger Asleson, Jay Harris, Vanessa Meade, Wendy Quan, Tina de Salvo und Kelly Werner bekommen habe.

Dank an Jeff Campbell, Lektor der Extraklasse und Bruder im Geiste, dass er mich auf diesem Weg geschoben, gezogen und geführt hat.

Ich verneige mich dankbar vor Lee, meiner Frau, für ihre unnachgiebige, von Herzen kommende Liebe, Ehrlichkeit und Unterstützung. Und vor meinen Kindern Jason und Carol, dass sie mein Leben reich gemacht und mir geholfen haben, mein Herz offen zu halten.

Tiefe Dankbarkeit für meine Mutter Beatrice und meinen Vater Ralph für ihre bedingungslose Liebe.

Literaturempfehlungen

In diesen Empfehlungen finden Sie Bücher über Führung/Leadership, Achtsamkeit, Natur- und Geisteswissenschaften und den einen oder anderen Roman. Was all diese Bücher verbindet, ist der Versuch, uns Menschen und die Welt, in der wir leben, sinnvoll zu deuten. Ich habe festgestellt, dass ich auf diese Bücher immer wieder zurückkomme, wenn ich Freunden oder Klienten etwas empfehlen möchte.

Burdick, Alan: *Warum die Zeit verfliegt. Eine größtenteils wissenschaftliche Erkundung*, Blessing Verlag 2017

D'Amsenbourg, Thomas: *Being Genuine: Stop Being, Start Being Real.* PuddleDancer Press 2007

Goleman, Daniel, and Richard Davidson: *Altered Traits: Science Reveals How Meditation Changes Your Mind, Brain and Body*, Avery 2017.

Hanson, Rick: *Das resiliente Gehirn. Wie wir zu unerschütterlicher Gelassenheit, innerer Stärke und Glück finden können*, Arbor Verlag 2019 S

Harari, Yuval Noah: *Eine kurze Geschichte der Menschheit*, Pantheon Verlag 2015

Harari, Yuval Noah: *Homo Deus. Eine Geschichte von Morgen*, C.H. Beck Verlag 2018

Hougaard, Rasmus and Jaqueline Carter: *The Mind of the Leader: How to Lead Yourself, Your People and Your Organization for Extraordinary Results*, Harvard Business Review Press 2018

Kahane, Adam: *Power and Love. A Theory and Practice of Social Change*. Berrett-Koehler Publishers 2010

Kahnemann, Daniel: *Schnelles Denken, langsames Denken*, Penguin TB 2016

McCoullogh, David: *The Wright Brothers,* Simon & Schuster 2015

Ostaseski, Frank: *Die fünf Einladungen. Was wir vom Tod lernen können, um erfüllt zu leben*, Knaur Verlag 2017

Ozeki, Ruth: *Geschichte für einen Augenblick*, S. Fischer Verlag 2014

Pinker, Steven: *Aufklärung jetzt. Für Vernunft, Wissenschaft, Humanismus und Fortschritt. Eine Verteidigung*. S. Fischer Verlag 2018

Pollan, Michael: *Verändere dein Bewusstsein. Was uns die neue Psychedelik-Forschung über Sucht, Depression, Todesfurcht und Transzendenz lehrt,* Kunstmann Verlag 2019

Siegel, Daniel: *Gewahr sein. Was es heißt, präsent zu sein. Die Grundlagen einer wissenschaftlich fundierten Meditationspraxis,* Arbor Verlag 2020

Senge, Peter M.: *Die fünfte Disziplin. Kunst und Praxis der lernenden Organisation*, Klett-Cotta Verlag 2011

Sinek, Simon: *Gute Chefs essen zuletzt. Warum manche Teams funktionieren – und manche nicht*, Redline Verlag 2017

Suzuki, Shunryu: *Zen-Geist – Anfänger-Geist. Unterweisungen in Zen-Meditation*, Theseus Verlag 2016

Van der Kolk, Bessel: *Verkörperter Schrecken, Traumaspuren in Gehirn, Geist und Körper und wie man sie heilen kann*, Probst Verlag 2015

Wright, Robert: *Warum Buddhismus wirkt. Die Wissenschaft und Philosophie von Meditation und Erleuchtung*, Lotos Verlag 2018

Über den Autor

Marc Lesser ist CEO der Beratungsfirma ZBA Associates, die Trainings zu Mindful Leadership, Coaching und Keynote-Talks anbietet. Er hat in vielen der weltweit führenden Unternehmen wie Google, SAP und Genentech Trainings für Mindful Leadership geleitet. Zudem ist er Co-Gründer und ehemaliger CEO des Search-Inside-Yourself-Leadership-Instituts. Search-Inside-Yourself ist ein Achtsamkeitsprogramm, das er, zusammen mit Chade Meng-Tan, bei Google entwickelt hat.

Marc Lesser hat zehn Jahre im San Francisco Zen Center gelebt und war in leitender Funktion im Tassajara Zen Mountain Zenter tätig. Zudem leitet er seit vielen Jahren die wöchentliche Meditationsgruppe Mill Valley Zen. Marc Lesser hat seinen Master of Business Administration (MBA) an New York University erhalten und bereits mehrere Bücher veröffentlicht. Er lebt in Kalifornien.

Mehr aus dem Arbor Verlag

ISBN 978-3-86781-237-5

DANIEL SIEGEL

Gewahr sein

Was es heißt, präsent zu sein
Die Grundlagen einer wissenschaftlich fundierten Meditationspraxis

Mit dem Bewusstseinsrad hat Daniel Siegel ein Werkzeug geschaffen, das Ihre Meditationspraxis und Ihr Leben verändern könnte. Dieses Buch beschreibt die wissenschaftlichen Erkenntnisse, die dieser Meditationspraxis zugrunde liegen, und zeigt, wie sie ganz praktisch im täglichen Leben angewendet werden kann. Entwickeln Sie mit diesen Fähigkeiten nachhaltig ein gesünderes Gehirn und reduzieren Sie Angst, Unruhe und Stress in Ihrem Leben.

ISBN 978-3-86781-224-5

RICK HANSON

Das resiliente Gehirn

Wie wir zu unerschütterlicher Gelassenheit, innerer Stärke und Glück finden können

Mit seiner einmaligen Verbindung aus Neurobiologie, Achtsamkeit und positiver Psychologie zeigt Rick Hanson, wie Sie Resilienz entwickeln: Lassen Sie schmerzvolle Gedanken und Gefühle los und ersetzen Sie sie durch Selbstmitgefühl, Freude und inneren Frieden. Dann werden Sie – ganz gleich, was das Leben für Sie bereithält – besser in der Lage sein, sich weniger gestresst zu fühlen, gute Entscheidungen zu treffen und ruhig und zentriert zu bleiben.

ISBN 978-3-86781-129-3

JANICE MARTURANO

Mindful Leadership

Ein Weg zu achtsamer Führungskompetenz

»Das Buch zeigt, wie Achtsamkeitstraining den wesentlichen inneren Raum schafft, um konzentrierte, klare, kreative und mitfühlende Führung zu leben. Überzeugende Beispiele aus Unternehmen und praktische Übungsanleitungen vermitteln, wie Achtsamkeit zu weisen Entscheidungen führt und welche verwandelnde Wirkung Führungspräsenz auf Mitarbeiter und Kollegen, ganze Firmen und unsere Welt haben kann. Ein sehr inspirierendes Buch!«

NICOLE STERN,
Meditationslehrerin, Führungskraft und
Expertin für Achtsamkeit im Beruf

Arbor Verlagsprogramm

Umfangreiche Informationen zu unseren Themen, ausführliche Leseproben aller unserer Bücher, einen versandkostenfreien Bestellservice und unseren kostenlosen Newsletter. All das und mehr finden Sie auf unserer Website.

www.arbor-verlag.de

Mehr von Marc Lesser

www.arbor-verlag.de/marc-lesser

Arbor Seminare

Die gemeinnützige *Arbor-Seminare gGmbH* organisiert regelmäßig Seminare und Weiterbildungen mit führenden VertreterInnen achtsamkeitsbasierter Verfahren. Zudem informiert sie über aktuelle Entwicklungen in diesem Bereich und trägt Achtsamkeit auf diese Weise nachhaltig in die Gesellschaft. Nähere Informationen finden Sie unter:

www.arbor-seminare.de

Arbor Online-Center

Mit dieser Plattform hat Arbor einen virtuellen Ort der Inspiration und des Lernens rund um das Thema Achtsamkeit geschaffen. Lernen Sie die AutorInnen unserer Bücher und die ReferentInnen unserer Veranstaltungen kennen: in Interviews, Vorträgen, Meditationsübungen, Webinaren, Podcasts sowie Online-Kursen und zahlreichen weiteren Ressourcen.

www.arbor-online-center.de